食品安全检测及质量管理探究

程晓梅　冯雅蓉　林伟桦◎编著

西南财经大学出版社
Southwestern University of Finance & Economics Press

图书在版编目(CIP)数据

食品安全检测及质量管理探究/程晓梅,冯雅蓉,林伟桦编著.—成都:西南财经大学出版社,2023.11
ISBN 978-7-5504-5785-0

Ⅰ.①食… Ⅱ.①程…②冯…③林… Ⅲ.①食品安全—食品检验②食品安全—质量控制 Ⅳ.①TS207.3

中国国家版本馆 CIP 数据核字(2023)第 194572 号

食品安全检测及质量管理探究
SHIPIN ANQUAN JIANCE JI ZHILIANG GUANLI TANJIU
程晓梅 冯雅蓉 林伟桦 编著

策划编辑:李邓超
责任编辑:王青杰
责任校对:王甜甜
封面设计:曹 签
责任印制:朱曼丽

出版发行	西南财经大学出版社(四川省成都市光华村街 55 号)
网　　址	http://cbs.swufe.edu.cn
电子邮件	bookcj@swufe.edu.cn
邮政编码	610074
电　　话	028-87353785
印　　刷	成都市火炬印务有限公司
成品尺寸	170mm×240mm
印　　张	13.75
字　　数	222 千字
版　　次	2023 年 11 月第 1 版
印　　次	2023 年 11 月第 1 次印刷
书　　号	ISBN 978-7-5504-5785-0
定　　价	60.00 元

编委会

编委会主任　程晓梅　商丘市产品质量检验检测研究中心

冯雅蓉　晋中市晋中学院

林伟桦　中山市小榄水务有限公司

编委会副主任　牛红霞　菏泽市食品药品检验检测研究院

郝星宇　中油阳光餐饮（北京）有限责任公司

何秀娟　博尔塔拉蒙古自治州食品药品检验所

马炳武　中国船级社质量认证有限公司山西分公司

杜　娟　烟台迈百瑞国际生物医药股份有限公司

武　彬　山东职业学院生物工程学院

参编人员　尹　晶　英大长安保险经纪有限公司

李旭辉　义乌市嘉奇食品有限公司

张　帆　玉林市科技开发实验中心

前　言

食品安全既关系到消费者的身体健康，也关系到食品产业的可持续发展，因此受到广大消费者、生产企业和政府部门的高度关注。现代农业发展造成的农业生产环境恶化，食品生产加工和流通消费过程中不恰当操作带来的不安全因素，从源头到餐桌均威胁着食品安全。检测技术是食品安全监管的重要技术手段，学习和掌握食品安全检测技术对食品安全检测工作者具有重要意义。

食品安全是关系国计民生的大事，是一个多学科的问题，而且随着新原料的开发和新技术的应用，新的食品安全问题也不断涌现，食品安全问题已成为各方关注的焦点和热点。食品安全涉及原料供给、生产环境、加工、包装、贮藏运输及销售等环节。本书主要从食品安全分析中样品采集与预处理方法着手，重点介绍现代食品安全检测新技术。其中，食品安全检测新技术包括色谱学、光谱学、PCR 技术、电子鼻、电子舌等方面的高新技术。

全书一共有 12 位作者：

程晓梅，编著 10 万字，全书由其统稿完成，主要负责全书各章大部分内容的编著工作；

冯雅蓉，编著 4 万字，主要参与第二章至第五章内容的编著工作；

林伟桦，编著 2 万字，主要参与第一章和第六章部分的编著工作；

牛红霞，编著 1 万字，参与第七章部分的编著工作；

郝星宇，编著 1 万字，参与第九章部分的编著工作；

何秀娟，编著 1 万字，参与第八章部分的编著工作；

马炳武，编著 1 万字，参与第十章部分的编著工作；

杜娟，编著 1 万字；

武彬，编著 1 万字；

参编人员分别是尹晶、李旭辉、张帆。

由于检测技术飞速发展，食品安全检测技术内容非常广泛，加之编者水平有限，书中难免存在疏漏与不足，敬请广大读者批评指正。

编著者

2023 年 11 月

目　录

第一章　食品安全与质量控制概论

第一节　食品安全及食品质量

一、食品安全

食品是人类赖以生存的基本要素，在人类漫长的历史进程中，自采、自种、自养、自烹的供食方式一直是人类社会繁衍的主要方式，真正意义上的食品工业才不过 200 余年。西方社会 19 世纪初开始发展食品工业。英国 1820 年出现以蒸汽机为动力的面粉厂；法国 1829 年建成世界上第一个罐头厂；美国 1872 年发明喷雾式乳粉生产工艺，1885 年实现乳品全面工业化生产。我国真正的食品工业诞生于 19 世纪末 20 世纪初，比西方晚 100 年左右。1906 年上海泰丰食品公司开创了我国罐头食品工业的先河，1942 年建立的浙江瑞安定康乳品厂是我国第一家乳品厂。目前，我国食品工业已经进入高速发展期，食品的生产实现了全面的工业化，越来越多的传统食品进入工业化时代；企业产量规模化，企业为了创效益、创品牌，需要尽可能扩大产能；食品品质标准化，异地贸易与国际贸易都需要产品的一致性、相容性，因此需要有统一的标准体系。食品工业的发展促进了食品贸易的快速发展，使得商品化的食品具有高度的流通性，在一些国际化都市，人们可以购买到来自世界各地的食品。多样化的食品为人们的生活带来了方便，但也带来了危险，一些传染病、地方性疾病有可能随着食品的流通而传播。因此，食品安全成为食品工业的核心问题。中国加入世界贸易组织（WTO）以后，我们已经切身感受到经济全球化对我们的影响，比如中国年轻的一代已经感受到了美国麦当劳、肯德基为代表的西方饮食文化对我们饮食文化的冲击。农产品加工业、食品工业是人类永不衰退的行业，随着中国民众人均收入的增长，中国有着巨大的消费市场，吸引着一些跨国公司和企业。一方面，随着各种外资的引入，国内的食品企业不仅要面对国内区域之间、企业之间的竞争，而且要面临国外跨国公司和大企业的竞争；另一方面，中国的食品行业还要走出国门，走向国际市场，这对我国食品企业来说既是机遇又是挑战。可以说，我国食品行业正处于一个关键时期。在经济全球化背景下，食品行业面临超激烈的竞争，食品企业要想得到更快的发展，就应努力创出自己的品牌，生产出有自己特色的产品。

由于食品工业的特殊性，食品质量和安全是企业存在的基础，其状况也直接关系到国民的身体健康和生命安全。食品安全在任何一个国家或地区都是难点问题，也是极为重要的问题，尤其是近三十年来，世界上食品质量安全事件频繁发生，影响深度和广度逐渐递增，解决难度不断增大。典型的事件如 1996 年英国暴发的牛海绵状脑病，1998 年德国发生的二噁英事件，2000 年日本发生的雪印牛奶事件，2005 年英国发生的苏丹红一号事件，2008 年美国发生的沙门菌事件，我国发生的三聚氰胺事件及 2018 年暴发的非洲猪瘟疫情等。近年来，我国食品安全问题频出，严重地影响了我国食品工业的发展和市场竞争力。有关专家指出，中国食品工业入世后的最大敌人不是关税，也不是知识产权，而是为食品质量和安全设置的技术壁垒。海关数据显示，2001 年我国有 70 多亿美元的出口食品受到“绿色壁垒”的影响。2001 年 9 月欧盟检出我国冻虾氯霉素残留而全面禁止进口我国的动物源性食品和水海产品；2002 年 2 月英国发现我国蜂蜜含氯霉素而要求商家停止销售；2002 年 3 月 1 日后日本对我国大蒜等植物源性产品每批都加验农药残留。我国有不少食品进出口企业在产品的生产质量与安全管理、生产环境改善、产品包装及贮藏与运输等方面工作不力，致使产品出口受阻。据报道，在历次被美国食品药品监督管理局（Food and Drug Administration，FDA）扣留的我国进口食品所涉及的质量问题主要有杂质超标、食品卫生差、农药残留、含有害食品添加剂（包括合成色素）、标签不清晰致病菌（李斯特菌、沙门菌）及黄曲霉毒素污染、低酸性罐头食品不符合 FDA 注册要求等。因此，全面提升出口农产食品的质量已刻不容缓，必须引起业内人士的广泛重视，否则将会丧失我国食品大量的出口市场。在国内市场上，重大食品中毒事件频频发生，假冒伪劣食品屡禁不止。尽管国家早在 1996 年 12 月就颁布了《质量振兴纲要（1996—

2010年）》，阜阳的“劣质奶粉”事件还是让国人胆战心寒，国际上流行的“对食物短缺的担忧已被对食品的质量安全恐惧担忧代替”这一说法在我国有一定程度的体现。虽然早在2002年，我国食品工业的总产值就已超过1万亿元，2011年食品工业总产值达7.8万亿元，食品工业不论从质还是量方面都得到了长足的发展，但我们仍然应该清醒地认识到，我国食品工业仍存在资源利用水平低、产品单调、科技含量低、深加工水平不高、标准化程度低、缺乏国际竞争力等问题，特别是食品质量与安全问题相当突出。食品安全，从广义上来说是“食品在食用时完全无有害物质和无微生物的污染”，从狭义上来讲是“在规定的使用方式和用量的条件下长期食用，对食用者不产生可观察到的不良反应”，不良反应包括一般毒性和特异性毒性，也包括偶然摄入所导致的急性毒性和长期微量摄入所导致的慢性毒性。一般在实际工作中往往把“食品安全”与“食品卫生”视为同一概念，其实这两个概念是有区别的。1996年，世界卫生组织（WHO）把食品安全与食品卫生明确作为两个不同的概念。食品安全是对最终产品而言的，是指“对食品按其原定用途进行制作，食用时不会使消费者健康受到损害的一种担保”，食品卫生是对食品的生产过程而言的，其基本定义是：为确保食品安全性，在食物链的所有阶段必须采取的一切条件和措施。

二、质量与食品质量

（一）质量的基本概念及演变

自从有了商品生产，就有了品质的概念，在我国，一般均称为质量（quality）。本书中，对品质和质量的概念不加以区分。人们对质量的认识是随着生产的发展而逐步深化的，许多学者和机构却尝试着对质量的概念进行描述。

克劳士比（Crosby）（1979）认为，质量就是能遵从某种特定规格，而管理则是对实现这种规格的监督。在质量管理的现实世界中最好视质量为诚信，即“说到做到，符合要求”。产品或服务质量取决于对它的要求。质量（诚信）就是严格按要求去做。

朱兰（1990）认为，质量指产品能让消费者满意，没有缺陷，简言之，就是适于使用。更概括地用“适用性”来表述，他说：“该产品在使用中能成功地适合用户目的的程度称为适用性，通俗地称其为质量。”在质量管理活动中频繁应用的三个过程是：质量策划、质量控制和质量改进，即著名的“质量管理三部曲”。

戴明（1993）认为，质量是某项产品或服务给予顾客帮助并使之享受到愉悦。戴明鼓励研究、设计、销售及生产部门的人员跨部门合作，不断提供能满足顾客要求的产品，服务顾客。

食品科学与技术学会（IFST，1998）对食品质量做出如下定义：（食品）质量指食品的优良程度，能满足使用目的的程度，并拥有营养价值特性。

日本学者十代田三知男认为，产品的质量应达到下列两项要求：一是产品的各种特性值应是消费者所要求的，二是产品的价格应合理。

另一些人认为，质量指没有明显缺点的产品和服务，而大多数人承认提高质量是为了满足消费者，因此人们如此定义质量：能满足人们某种特定需要的产品或服务特性。仅仅满足消费者基本要求的产品在市场竞争中很难取得成功，还需要优质的服务质量。要想在行业内的竞争中取胜，厂商就必须超越顾客的期望。

国际标准 ISO8402——1994 对质量的定义是：反映实体满足明确和隐含需要的能力和特性总和。其中，实体指可单独描述和研究的事物。明确需要是指在标准规范、图样、技术要求和其他文件中已经做出规定的需要。隐含需要是指：①顾客和社会对实体的期望；②人们公认的不言而喻的、不必明确的需要。

ISO 9000—2000 对质量的定义是：一组固有特性满足要求的程度。它体现了质量概念及其术语演进至今的最新成果。其中，①术语“质量”可使用形容词如差、好或优秀来修饰。②“固有的”（其反义是“赋予的”）就是指在某事或某物中本来就有的，尤其是那种永久的特性。③“特性”，指可区分的特征。它可以是固有的或赋予的、定性的或定量的。有各种类别的特性，如物理的、感观的、行为的、时间的、功能的特性等。④“要求”，明示的或隐含的或必须履行的需求或期望。⑤“质量”表达的是某事或某物中的固有特性满足要求的程度，其定义本身没有“好”或“不好”的含义。⑥质量具有广义性、时效性和相对性。

ISO 9000 对质量的阐述为：质量促进组织所关注的以行为、态度、活动和过程为结果的文化，通过满足顾客和相关方的需求和期望实现其价值。组织的产品和服务质量取决于满足顾客的能力，以及对相关方有意和无意的影响。产品和服务的质量不仅包括其预期的功能和性能，而且涉及顾客对其价值和利益的感知。质量是一个抽象的概念，在现实中必须有一个载体来表现质量，这个载体即质量特性。质量特性可分为内在特性和外在特性（赋予特性）两种。外在特性是指产品形成后因不同需要所赋予的特性，如环境、包装等。内在特性是指在某事物中本来就有的，尤其是那种永久的特性，它反映了某事物满足需要的能力，如营养性品质和感官品质等。质量的本质是某事或某物具备的某种“能力”，产品不仅要满足内在质量特性要求，还要满足外在质量特性要求。

（二）质量模型与观点

1. 拉链模型（zip model）

该质量模型由 Van den Bery 和 Delsing（1999）提出。拉链模型说明了供应商或生产商按照顾客或消费者的需求来确定生产和销售产品间的关系。生产商只有生产出满足顾客需求的产品，才能使供给和需求相一致，才能顺利地销售自己的产品，并由于满足顾客的需求而获得了好的口碑，进而实现良性循环，获得更多利润。

2. 质量观点

Evans 和 Lindsay（1996）指出：质量的概念很容易混淆，因为人们所处的位置不同，因而对质量的理解有差异。他们常用的判断标准有五种类型：

（1）评判性的（judgmental）。从评判性角度判定的质量往往是优秀与极好的同义词，即公认的品牌，顾客根据品牌的声誉来判断产品质量的好坏。从这个观点看，质量与产品性质的关系不紧密，它更多地来自市场对产品的评价及其声誉。例如，全聚德烤鸭、镇江香醋、老干妈辣椒酱、可口可乐、雀巢咖啡等著名品牌的产品，它们被认为质量优秀，主要是因为它们长期在消费者心中形成了一贯质量优异的印象。当然，这些产品本身即能满足消费者的需求，它们的商标就是质量的保证。

（2）以产品为基础的（product-based）。以产品为基础的质量观点是一种特殊的、可衡量的变化。质量的差异反映了数量上特定指标的变化，质量好就是某些指标比预定的指标高，例如发芽糙米，含有较高的 γ-氨基丁酸，比普通糙米含有更丰富的营养价值；深海鱼油，含有更丰富的人体必需的脂肪酸，比普通鱼油更受消费者青睐。这种质量通常和价格相关，价值越高质量越好。

（3）以用户为基础的（user-based）。从以用户为基础的质量观点看，质量指符合顾客的要求，即只要满足消费者或顾客的期望的产品质量就是好的，如食品质量好就是指既要安全、有营养，又要可口、能满足个人的嗜好。这种观点在ISO9001：2015标准中得以主要体现，反映了以顾客为关注焦点的管理理念。

（4）以价值为基础的（value-based）。从以价值为基础的质量观点看，质量与产品的性能和价格有关。一种质量好的产品就可以从性能和价格上与同类产品竞争，即同样价格的产品在性能上高于其他产品，或性能相同的产品在价格上低于其他产品，也就是说性价比高。普通的消费者大多从这个角度来评价产品质量。

（5）以制造为基础的（manufacturing-based）。从以制造为基础的质量观点看，质量描述为设计与生产实践相结合的产物，它指满足某种新产品和服务的设定的特性，当然，这种特性也包括客户的需要和期望，即能够达到产品设计或服务标准所预定的指标。判断标准的确定往往根据个人在生产和供应链中的定位而定。作为顾客，通常用评判性的、以产品和以价值为基础的判断标准，市场销售人员应该用以用户为基础的判断标准。产品设计者既要考虑制造和成本的平衡作用，又要使产品适合目标市场，因此采用以价值为基础的判断标准。从生产者来说，生产出符合产品特性的商品是生产的主要目标；因此，以产品为基础的判断标准是最实用的。质量的本质是用户对一种产品或服务的某些方面所做出的评价。因此，质量也是用户通过把这些方面同他们感受到的产品所具有的品质联系起来以后所得出的结论。显而易见，在用户的眼里，质量不是一件产品或一项服务的某一方面的附属物，而是产品或服务各个方面的综合表现特征。

人们对质量的认识经过了两个阶段：①符合型质量观；②用户型质量观。所谓产品质量，即产品的“适用性”，或是产品满足用户需要的优劣程度，它是产品质量特性的综合表现。因为这种被规定了的质量特性是以标准的形式出现的，所以可将产品质量狭义地定义为“产品相对于所选定质量标准的符合程度”。在生产水平不发达时，由于生产者不直接面对用户，他们只强调符合标准而很少重视用户需求，狭义定义尚可适用。随着生产力的发展，市场已经向买方型过渡，在这种情况下，不研究用户的需要，产品是很难占有市场的，更何况所谓质量标准存在着相对性、滞后性和间接性的局限，故产品质量的概念有必要加以深化、完善，产品的质量不仅要符合标准，更重要的是满足社会需要。所以产品质量的广义定义是指“产品满足用户需要的程度”。

（三）质量与市场竞争力

美国麻省剑桥政策计划中心的专家对3 000个有战略意义的商业部门的数据进行调查后认为，质量决定市场份额。当有优质产品和巨大市场时，利润便得到了保证。商品或半成品的生产者往往通过调整生产周期或其他质量特性将自己的产品与别人的区别开来，从而决定了企业的市场竞争力。除了利润和市场占有率以外，提高质量有利于企业的成长和降低生产成本，投资回报率也因较好的生产性而得到提高。另外，提高质量也会使产品生产供应链的库存减少。尽管生产高质量的食品需要成本，但消费者愿意付出更多去购买安全、营养和可口的高质量的食品。事实上，生产高质量的食品成本并不是很高，倒是低质量的商品提高了生产成本。因为当低劣的产品生产出来后，必然要有相当的补救措施，甚至要收回，成本随之增加。在食品工业中，当生产了劣质食品后，很难有补救措施，一般都是将劣质食品销毁，因此，成本就更高。

另外，产品要占据市场主导地位，投资开发新产品和改善产品质量是增加利润空间的一个有效方法。因此，质量管理部门要将质量意识贯穿于产品创新、生产、流通和销售的全过程。克劳士比（Crosby）被美国《时代》杂志誉为“本世纪[①]伟大的管理思想家”，他率先提出“第一次就做对”理念，并掀起了一个时代自上而下的零缺陷运动。由于产品质量的提升，不合格品率的下降，内部一致性带来成本的降低，符合客户要求则会扩大市场份额、产生溢价，这就是质量免费原理。因此市场的竞争也是产品质量的竞争，特别是农产品（食品）市场的竞争。我国在国际农产品市场上，有过某些质量指标达不到顾客的要求而造成巨大的经济损失的惨痛教训。

① 指20世纪。

（四）食品质量

在农产品贸易和食品加工业中，产品质量是重中之重。消费者对食品质量，特别是食品安全极为敏感。对于消费者而言，安全、健康高于一切。人们每天必须摄入食品，如果食品有质量问题，必然会对健康造成各种直接或间接的不良影响。起初，食品质量侧重于食品卫生，而现在，质量的概念得到了大大的扩展，不仅要考虑到农产品的安全性（农药、兽药、环境化学物质的残留，是否为转基因的农产品等），还要考虑到食品加工过程中化学、物理和生物的污染，以及食品的营养性、功能性和嗜好性等方面的质量因素。食品的安全性凭肉眼无法判断，消费者只能相信生产商提供的信息。处于领先地位的食品企业，往往具备严密的食品安全管理体系，其产品的质量、品牌和信誉已经得到消费者认可，彼此建立起了相互信任的关系。

食品的安全性可以通过质量保证体系如ISO22000、HACCP GMP以及ISO9000质量体系来体现。食品容易腐烂变质，在种植养殖、运输加工、贮藏、消费整条链上，均可能造成食品向不利的一面发展。因此对食品质量管理者来说，只有掌握更多的专业知识，熟悉农产品的特性，才能在质量管理中考虑到各种因素的制约，提高企业管理水平。

Hoogland和他的合作者提出了食品质量管理的几个特点：①农产品腐败主要是生理成熟和微生物污染的结果，它会对人们的健康造成损害，要进行有效的质量控制，管理人员须掌握甚至精通相关领域的知识。②大多数农产品质量差异比较大，如重要的组成成分（糖、脂肪等）的含量、大小、颜色等都不尽相同，造成这种差异的因素（栽培条件和气候变化等）都是不可控制的。因此，食品加工过程中容易产生质量的波动，需要通过适当的工艺处理进行调整。③农产品的初级生产要经过许多精细的农艺操作，增加了食品质量控制的难度，如作物的施肥和病虫害防治、牲畜喂养和疾病防治等过程中经常会使用化学物质，这使得食品质量控制变得更为复杂。如果食品的原料已经受到一些有毒化学物质的污染，则加工过程中质量控制得再好，也无法根除危害性物质，不能保证食品的质量。

除上述特点外，还有一些因素在农产品质量控制过程中需多加注意，如病毒的污染、生物毒素的污染等。根据1990年欧洲国家的统计资料，每10万人中就有 120 例食物中毒案例。另外的统计结果显示，在某些欧洲国家，每 10 万人中至少有 3 万人得过胃肠炎，而食源性疾病发生后，人们很少会将其原因追溯到食物生产部门。这意味着实际病例数量远远多于统计出来的病例数，同时也反映了对食品安全进行有效控制的紧迫性。2015 年，国家卫计委统计的食物中毒类突发公共卫生事件报告 169 起，中毒 5 926 人，死亡 121 人。报告显示，微生物性食物中毒事件的中毒人数最多，主要致病因子为沙门氏菌、副溶血性弧菌蜡样芽孢杆菌、金黄色葡萄球菌及其肠毒素致泻性大肠埃希氏菌、肉毒毒素等。有毒动植物及毒蘑菇引起的食物中毒事件报告起数和死亡人数最多，病死率最高，是食物中毒事件的主要死亡原因，主要致病因子为毒蘑菇、未煮熟的四季豆、乌头、野生蜂蜜等。化学性食物中毒事件的主要致病因子为亚硝酸盐、毒鼠强、克百威、甲醇、氟乙酰胺等，其中，亚硝酸盐引起的食物中毒事件 9 起，占该类事件总报告起数的 39.1%。在动物性食品生产中，努力提高和改善动物饲养环境条件，减少抗生素类药物的使用，可以大大提升产品质量。随着农产品原料流通范围的拓展，不同地区间农产品原料的流通增加了疾病传播的风险，如牛海绵状脑病、非洲猪瘟和禽流感有可能会传染给人类，影响人体健康。

辐射低温加热、微波加热、高压处理等许多技术在预防新鲜食品微生物污染方面取得了明显的效果。但是，低温处理的产品虽然很好地保留了产品的营养成分和感官品质，但在贮存过程中如果温度升高，微生物就会迅速繁殖，因此需要冷链作为配套。包装材料的熔化等污染也会影响食品的安全性。食品加工过程和流通过程中存在大量影响食品质量的因素，需要在管理中统筹考虑，食品质量控制应当贯穿从田间到餐桌的全过程。因此，在食品质量管理中，既要有 ISO9000 质量管理标准体系，也要符合 GAP（Good Agricultural Practices）、GMP（Good Manufacturing Practice）、SSOP（Sanitation Standard Operating Procedure）和 HACCP（Hazard Analyis and Critial Control Points）的要求，使食品质量满足顾客的要求。

第二节　食品质量特性与影响食品质量的因素

一、食品质量特性

质量特性是指产品所具有的满足用户特定需要的，能体现产品使用价值的，有助于区分和识别产品的，可以描述或度量的基本属性。ISO9000 标准定义质量特性为产品、过程或体系与要求相关的固有特性。产品质量特性是指直接与食品产品相关的特性，如食品安全营养感官及性能特性。过程质量特性是指与生产和加工过程相关的特性，如工人福利、动物福利、生物技术、可追溯性、环境保护及可持续农业发展等。体系质量特性是指与产品质量、安全等管理体系相关的质量特性，如 GMP、GAP、HACCP 及 ISO9001 体系等。由于顾客的需求多种多样，所以反映产品质量的特性也各种各样。有些质量特性，如风味、色泽、包装，消费者可以通过感官判断；然而有些质量特性，如营养、微生物、添加剂、毒素、药物残留、生产加工过程等，通常消费者无法凭经验或感官加以判断，只能通过外部指示，如质量标签、认证标志等加以判断。消费者对食品质量的认识因文化、道德、宗教、法律、价值观等因素不同而各有不同。他们在选购食品时，不仅根据食品的产品质量特性，而且会根据食品的过程质量特性、体系质量特性等多方因素选购符合他们要求的食品。

根据形成特性，食品的质量特性可分为内在质量特性和外在质量特性两方面。内在质量特性也称为固有质量特性，尤其是产品永久的特性，它反映了产品满足需要的能力，主要包括：①产品本身的安全特性；②产品的感官特性；③产品的可靠性。外在质量特性也称非固有质量特性，是产品形成之后因不同需求而对产品所增加的特性，包括：①生产系统特性；②环境特性；③市场特性。外在质量特性并不能直接影响产品本身，但却影响到消费者的感觉，例如，市场景气可以影响消费者的期望，但和产品本身毫无关系。产品的质量本质是满足需求的能力，因此不仅要满足内在质量特性要求，还要满足外在质量特性要求。

（一）内在质量特性

1. 食品的安全特性

食品的安全特性是其质量特性的首要特征。从广义上说，食品的安全特性指的是食品在食用时完全无有害物质和无微生物的污染。从狭义上说，它指的是在规定的使用方式和用量的条件下长期食用，对食用者不产生可观察到的不良反应。危害食品安全的主要因素有以下几个方面：

（1）微生物污染。微生物污染是危害食品安全的最主要因素，它会造成农产品和食品的变质和腐败，同时引起食品中毒。引起微生物污染的因素主要是不当的冷藏方法、食品原材料供应不当、操作人员个人卫生差、烹饪或加热不充分和食品贮藏温度适宜细菌的生长等。因此，在食品质量管理过程中，应充分考虑到这些因素。污染食品的微生物包括细菌、真菌和病毒。病原微生物可以引起食物中毒和感染性疾病。病原菌通过食物传递给人或动物，它可以穿透肠黏膜，并能在肠道或其他组织中生长繁殖。其中以沙门氏菌最为常见。家禽类、牛肉、鸡蛋、猪肉和生奶等往往会成为传播沙门氏菌的媒介食品。感染沙门氏菌后会有恶心、呕吐、腹痛、头痛等症状。病原微生物所致的食物中毒是由食品中的病原菌产生的有毒成分（真菌毒素和细菌毒素等）引起的。肉毒梭菌、金黄色葡萄球菌都是引起食物中毒的重要细菌。肉毒梭菌可以芽孢的形式广泛存在于土壤和水中，尤其是在低氧状态下保存的低酸性食品（罐装食品和气调包装的食品等）比较容易发生污染。霉菌也可以引起食物中毒，最著名的真菌毒素就是黄曲霉毒素，这是由黄曲霉菌和寄生曲霉菌产生的毒素。微生物毒素在原料或加工品中释放出来，这些有毒食品可以导致许多病症，诸如急性腹痛、腹泻和慢性疾病如癌症、肝组织的病变等。

（2）毒性成分。毒性成分来源于食品生产的产业链的每一个阶段。毒性成分可以是原料中本来存在的（如农药等化学物质的残留动植物毒素等），也可以是在贮存和加工过程中添加或产生的（食品添加剂、熏烤和高度油炸的鱼和肉中会产生杂环胺毒素等）。为了判断有毒物质对食品安全性的危害程度，必须考虑毒性成分的来源性质、控制或预防的能力。有很多毒性成分是脂溶性的，脂溶性的毒性成分可以在食物链中积累，进而影响人类健康，例如，毒性成分多氯联苯（PCBs）可在鱼脂肪组织中聚集，高脂肪鱼类已成为食物中 PCBs 的最大来源。一些毒性成分非常稳定，因此可以在食物循环中存在很长时间，如有机氯类杀虫剂 DDT，它可以经过鱼类、贝类等在食物链中富集。

（3）外源物质。外源物质污染是第三类影响食品安全性的因素，外源成分包括放射性污染、玻璃片、木屑、铁屑、昆虫等，如核工厂的事故导致食品中放射性物质增加而影响食品安全。

2. 食品的感官特性

食品的感官品质是由口味、气味，色泽、外观、质地、声音（如薯条的声音等）等综合决定的，它取决于食品的物理特性和化学成分。食品的感官品质的变化速度是货架期的决定因素。货架期指食品被贮藏在推荐的条件下，能够保持安全以及理想的感官、理化和微生物特性，保留标签声明的任何营养值的一段时间。食品通常比较容易腐烂，在新鲜产品收获或经加工后，其品质将会出现不同程度的降低。加工和包装的目的就是要推迟、抑制和减缓品质的下降，从而延长货架期。例如，新鲜豌豆在 12 小时内会腐烂变质，而罐装的豌豆可以在室温下保存 2 年。

影响货架期的主要因素有：微生物（腐败菌）、化学反应、生物化学反应、生理学反应、物理变化等。有害微生物侵入食品，利用食品中的营养物质进行生长繁殖的过程中，会导致食品感官品质的下降，主要包括质构、风味和颜色的劣变等，另外，其代谢过程中产生的有毒有害物质已经让食品不安全了。化学反应中的非酶促褐变（或美拉德反应）主要引起外观变化或营养成分的流失，氧化反应会导致油脂风味改变以及植物褪色等。生物化学反应涉及各种酶类，其中酶促褐变是影响食品感官特性的典型生化反应之一，例如，新鲜蔬菜被切开后可以引起多种酶促反应，如多酚氧化酶引起褐变，脂肪氧化酶产生不良气味等。生理学反应主要是指果蔬的呼吸作用，影响采后贮存阶段的产品质量。物理变化主要指农产品在收获、加工和流通过程中处理不当造成物理损伤或温湿度变化，从而导致腐烂变质加速或带来产品外观的变化。食品的货架期受制于上述多种因素，同样地，一种感官特性的变化也可能由上述多种因素引起。例如，腐臭可能是由于脂肪酶引起的短链脂肪的产生或脂肪的氧化。抑制、减少或阻止影响货架期的主要因素可以延长货架期，然而，这应该建立在最大限度降低感官品质劣变的基础之上，例如冷冻食品延长了货架期，但在半年到一年以后，由于物理和化学反应的发生导致食品的色泽和质构发生了改变。为了从技术方面控制产品质量，要全面并深入地了解影响产品货架期和感官品质的不同过程。

3. 食品的可靠性和便利性

食品的可靠性是指食品实际组成与食品规格符合的程度。例如，实际加工、包装和贮存后的成分组成或含量必须与说明书中一致。便利性是指消费者使用或消费食品时的方便程度。目前提升便利性正成为全球食品发展的关键趋势。在人们生活节奏日益加快的今天，方便快捷的食品不仅显得更加贴心，而且还能很好地契合广大消费者对方便快捷的需求，并且这种需求还将会越来越大。新一代的现代方便食品正不断涌现，制造商正在应对日益增长的健康饮食需求、对美食口味的要求、对个性化的兴趣以及来自快速送货服务的竞争。

（二）外在质量特性

食品的生产系统特性、环境特性以及市场特性都属于外在质量特性。外在质量特性并不能直接影响产品本身的性质，但却影响到消费者的感觉和认识，例如市场促销宣传活动可以影响消费者的期望，但和产品本身却无关系。

1. 生产系统特性

食品的生产系统特性主要是指食品从采购、加工到成品的整个生产加工过程工艺的特性。它包括很多因素，如果蔬栽培时使用的农药、畜禽繁育时的特殊喂养、为改善农产品特性的基因重组技术以及特定的食品保鲜技术等。这些技术对产品安全性和消费者接受性的影响很复杂，有的还未能确定。例如，公众对转基因食品十分关注，消费者并不在意食品中有无新技术的使用，而认为产品质量（特别是安全性）是最重要的。

2. 环境特性

食品的环境特性主要是指产品包装和生产废弃物的处理。消费者在购买产品时会表现出对包装款式的偏爱，同时也会考虑包装对自身健康和外部环境的影响。废弃的包装会带来环境污染问题，绿色可降解型包装材料的开发及推广也成为目前世界各国关注的焦点。食品生产过程从原料采购到成品形成整个过程都不可避免地产生废弃物，这些废弃物的处理直接影响到最终食品产品的安全与卫生。食品产品的消费者越来越关心食品制造商的整条制造链，从原料、制造过程及贮藏的整个过程管理都进行关注，另外环境法规也在不断完善，这都要求食品生产企业必须对食品废物的产生和处理进行良好管理及控制，对操作人员进行严格培训。

这不仅能保障食品的质量，降低环境的污染，也更能提升企业的形象，增强企业的竞争力和生命力。

3. 市场特性

市场对食品质量的影响是很复杂的，根据 VanTrjp 和 SteenKamp 的研究，消费者认为市场影响力（品牌、价格和商标）决定了产品的外在质量，从而影响其对质量的期望，但市场也可以影响人们对产品的信任度。需求决定市场，满足需求的能力即产品的质量决定产品的市场影响力。市场竞争是产品质量的重要调节机制，市场化程度越高，市场的可竞争性越强，产品质量越高，反之，产品质量则越低。

二、影响食品质量的因素

食品的原料主要是动植物，它们作为农副产品，大部分易腐败，不宜长期保存。因此，需要通过食品加工将原材料转化为高价值的产品，以达到保障食品安全和延长货架期的目的。食品生产链中每一个环节的工艺都会影响到产品的内在和外在质量特性，因此，必须在从农田（畜牧场）到餐桌的所有阶段运用技术和采取管理措施降低或消除不良影响，确保食品质量。

（一）动物生产条件

动物产品可以分为肉类产品（猪肉、牛肉、禽肉、羊肉、鱼肉、贝类等）和动物产品（鸡蛋、牛奶等）。动物生产条件会直接或间接地影响食品的内在质量特性，例如食品的安全性和感官品质。动物生产系统特征（育种、喂养条件、生活条件、健康状况等）会影响食品的外在质量特性。

（1）品种选择。动物育种很多时候仅注重产量而忽视了产品质量。例如，奶牛品种主要考虑选择牛奶高产的品种，但很少考虑到牛奶的营养成分。动物育种专家发现：一些猪种的猪肉质量参数有典型遗传性，如杜洛克猪种（美国红色猪种）常常是暗红的肌肉，相较于其他猪种其脂肪硬度和嫩度都有所提高。这些品种常与其他猪种杂交以获得优良猪种。所以，品种选择不仅要考虑增加产量，还必须考虑对食品营养等品质的影响。

（2）动物饲料。动物的饲料会直接或间接地影响食品质量。例如，奶牛乳腺合成脂肪所需的前体物质是饲料在胃中发酵产生的，因此，饲料组分会影响牛奶中的脂肪成分和乳脂含量。淀粉有利于维持微生物的发酵和随后的蛋白质合成，也影响牛奶的产量和成分。动物饲料本身的安全，如是否有药物性添加剂的滥用、有毒金属元素的污染、致病微生物污染等，都间接地影响最终产品的安全性。用含有黄曲霉素的草饲料去喂养奶牛，在牛乳中就会出现黄曲霉素的代谢物。动物体内药物残留过量，人食用这类动物的肉制品后，药物会在人体内蓄积，可能产生过敏、畸形和癌症等不良后果，危害人体健康。为了保护消费者的利益，国内外都制定了动物性食品中兽药的最大残留量标准。

（3）圈舍卫生。动物的居住条件直接影响附着在动物体表细菌的数量，改善圈舍卫生条件能够降低动物体表细菌附着率。对于肉类生产而言，外部皮肤和内部肠道的微生物数量是影响食品安全性的重要因素，细菌的大量附着容易导致屠宰时肉的污染。对于奶制品生产，必须严格执行卫生预防措施，包括清洗乳头、装乳器具及设备并杀菌等。另外，动物饲养密集会直接影响到动物活动的空间，降低其生长环境的质量，影响动物体内激素的分泌，进而会影响肉类食品的质量和产量。

（二）动物的运输和屠宰条件

输送和屠宰条件可以影响内在质量特性（如感官品质），如病原菌污染会危害食品安全，腐败微生物会缩短货架期。

（1）应激（stress）因素。如动物在装载、运输、卸货、管理及宰杀的整个过程中受到挤压、撞伤、拖拉惊吓、过冷过热、通风不畅等对肉类的质量具有负面影响。受外界刺激而产生应激反应的猪肉结构松软，持水力弱，色泽灰白，叫作白肌肉（pale soft exudative mect，PSE 肉）。外界应激导致乳酸积累，从而使 pH 值迅速下降到肌肉蛋白的等电点，进而导致持水力下降。另一种情况是动物宰前因受过度应激，耗尽糖原，宰后 pH 值不会下降，导致肉质变暗、变硬和干燥，叫作黑干肉（dark，firm and dry mect，DFD 肉）。为了保持良好的肉类质量，应该采取措施尽可能消除或减少在运输和屠宰操作中的应激反应，具体应注意：①合理的装载密度，太高的密度会导致产生 PSE 肉和 DFD 肉，而且会引起肌肉血肿。②装载和卸载的设备，例如陡峭的斜面坡道可以导致动物心跳加快，因此使动物进入平缓的单独通道对于保持肉的良好品质效果明显。此外，驱赶工具如长柄叉会经常导致动物体的外皮剥落甚至组织出血，最终影响肉品质量。整个装载和卸载过程要根据动物数量保证充足的时间。③运输持续时间对肉的质量也有影响，频繁的短时间运输会增加 PSE 肉的数量；长时间运输则可能会使动物平静下来，从而使代谢正常，但应注意在长时间运输过程中给予动物水、食物等方面的充分照顾。④在屠宰场，不同种动物的混合会引起应激反应，从而导致 DFD 肉或 PSE 肉的出现，所以应避免这种情况。

（2）屠宰条件。屠宰包括杀死、放血、烫洗、去皮、取内脏等步骤。在宰杀过程中，肌肉组织可能被肠道内容物、外表皮、手、刀和其他使用的工具污染。为了减少鲜切肉的微生物数量，既可以采取表面喷洒含氯热水、乳酸或化学防腐剂等措施，也可以通过严格控制屠宰场墙壁、地板、刀具和其他器具的清洗消毒程序以保证卫生安全。另外，随着动物福利概念引入国际贸易，更温和的宰杀方式逐渐被采用，避免造成等待宰杀的动物突然处于恐怖和痛苦状态，造成肾上腺素大量分泌，从而形成毒素，严重影响成品肉的质量。

（三）果蔬产品的栽培和收获条件

不同的栽培和收获条件会导致新鲜产品的营养成分、感官特性（如色泽、质构和风味）以及微生物污染等质量特性存在差异，进而影响加工产品的质量特性。栽培过程中影响产品质量的重要因素有：①品种，如可选择抗病虫害或营养富集型等优良品种；②栽培措施，包括播种、施肥、灌溉和植保（比如除草剂的使用）等；③栽培环境，如温度、日照时间、降雨量等。可以通过育种和栽培条件的定向改善来调控产品的营养成分。收获时间和收获期间的机械损伤都会对产品质量产生影响。果蔬的生长和成熟过程伴随着多种生物化学变化，如细胞壁组分变化使组织变软，淀粉转化为葡萄糖使口味变甜、色泽变化以及芳香气味形成等。这些变化绝大多数在果蔬收获后仍会继续，严重影响果蔬的质量和货架期，但收获时间会影响这些生化变化。例如红辣椒收获太早，就不会变红。一方面，在果蔬的收获和运输过程中都会发生机械损伤，植物组织遭破坏后，果蔬会通过本身的生化机制恢复创伤、产生疮疤，影响产品质量。另一方面，果蔬在损伤过程中产生的应激反应会产生对植物本身具有保护作用的代谢产物，这也会对产品质量产

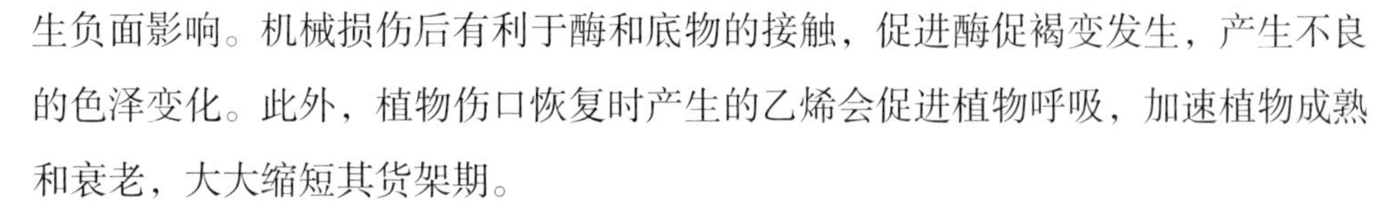

生负面影响。机械损伤后有利于酶和底物的接触，促进酶促褐变发生，产生不良的色泽变化。此外，植物伤口恢复时产生的乙烯会促进植物呼吸，加速植物成熟和衰老，大大缩短其货架期。

（四）食品加工条件

加工条件是影响食品质量的关键因素。加工食品的性质是由配方中原材料的性质（天然酶类、pH 值受污染情况等）、保鲜剂和加工条件（温度、压力等）决定的。食品保藏技术的控制条件有时间、温度、pH 值水分活度、防腐剂、气调等。通常组合使用这些控制条件，通过协同作用保证食品的货架期和安全性。下面主要介绍食品加工中影响产品本身质量的主要因素。

（1）温度和时间。高温能够杀死部分微生物，但易促进生物化学反应；低温可以抑制微生物的生长，抑制生物生理反应。在适当的湿度和氧气条件下，温度对食品中微生物繁殖和食品变质反应速度影响明显。在 10℃～38℃范围内，恒定水分条件下，温度每升高 10℃，化学反应速率加快 1 倍，腐败速率加快 4～6 倍。细菌、真菌等微生物都各自具有最佳生长温度，高于或低于最佳生长温度，它们的活力都会受到抑制，导致生长缓慢。同样，酶有最适宜的温度范围，在一定的温度范围内酶反应速度随温度的升高而加快，温度过高会使酶活性丧失，温度过低会大大降低酶活性。对于食品来说，温度的过度升高可能导致感官品质和营养品质的下降，如风味的散失，维生素和蛋白质的破坏，但在某些产品中也会带来感官品质的提升，如面包皮的褐变和薯条变黄；温度过低则会对食品内部的组织结构和品质都产生破坏。如何寻找到最佳的时间温度组合，确保食品安全稳定的同时尽可能减少加热对食品质量的不良影响，一直是食品加工过程中追求的目标。

（2）水分活度。水分活度是控制微生物生长、酶活力和化学反应的另一因素。食品的颜色、味道、维生素色素、淀粉蛋白质等营养成分的稳定性以及微生物的生长都直接受制于水分活度。当水分活度低于 0.6 时，大部分微生物的生长停止，而油脂即使在低水分活度条件下其氧化反应速率也很快。在低水分含量的食品中，微生物破坏活动会受到抑制。例如，一块蛋糕水分活度为 0.81，可在 21℃下保存 24 天，如果将其水分活度提高到 0.85，同样温度条件下其保存期限缩减到 12 天。

（3）酸碱性（pH 值）。pH 值是控制微生物生长、酶和化学反应的另一重要因素。大部分微生物在 pH 值 6.6 ～ 7.5 时生长最快，在 pH 值 4.0 以下仅少量生长。食品的 pH 值范围为 1.8（酸橙）～ 7.3（玉米）。一般细菌最适 pH 值范围比真菌小，但微生物的最低和最高 pH 值并不严格。此外，酸碱性对微生物的控制也依赖于酸的类型，例如柠檬酸盐酸、磷酸和酒石酸允许微生物生长的 pH 值比醋酸和乳酸低。总之，pH 值小于 4.5 的酸性食品足以抑制大部分污染食品的细菌生长。大部分酶的最适 pH 值范围为 4.5 ～ 8.0。酶在最适 pH 值时，一般表现为最大活性，通常一种酶的最适 pH 值范围很小。在极端的 pH 值时，因为造成蛋白质结构的变化，酶一般不可逆地失活。化学反应的速度也受到 pH 值的影响，例如极端 pH 值可加速酸或碱催化的反应。因此，调节 pH 值可以控制食品中的酶促反应和其他化学反应进而控制食品的质量。

（4）食品添加剂。为了延长货架期、改变风味、调节营养成分的平衡、提高营养价值、简化加工过程、便于食品的加工或者调整食品的质构，在食品中可以按规定添加特定的化学物质（食品添加剂）。食品添加剂从来源上可分为天然和人工合成添加剂。只有证明具有可行的和可接受的功能或特性，并且是安全的食品添加剂，才允许被使用。食品添加剂的使用要遵守严格的限量标准，任何添加剂的过量使用都有可能危害到食品的质量安全。

（5）气体组成。氧气会促使食品成分（脂质、维生素等）发生氧化反应，促使微生物大量繁殖，加速食品腐败变质。因此，包装食品中气体成分和包装材料透气性对食品的货架期和安全性影响较大。降低食品包装容器中的氧气浓度可延缓氧化反应（油脂氧化褪色等），抑制好氧菌的生长，从而延长食品的货架期。真空包装、气调、活性氧吸附等措施均可实现低氧环境，但低氧或无氧条件会促进厌氧菌（肉毒梭状杆菌、乳酸菌等）的生长，因此，低氧条件必须同时采取合适的组合措施（适宜的加热处理、低 pH、低水分活度等）协同作用。

（6）多措施组合——栅栏技术（hurdle technology）。实践发现单一或两种保藏技术难以达到期望的保质效果。而多项措施的有机组合，能够明显改善产品的保质保鲜效果。多项保藏措施组合的食品保藏技术称栅栏技术。典型的栅栏技术包括：降低 pH 值可改善酸性抗菌剂的效果；降低温度可以大大改善气调成分中二氧化碳的抗菌效果；压力和热处理协同作用用于杀灭芽孢杆菌，辐射和冷冻结合有利于杀灭微生物而又不产生“辐照味”。

（7）加工卫生。在食品加工过程中，初始污染和交叉性污染都严重影响产品的货架期和安全性。在收获期间的外界环境因素（土壤残留、机械损伤等）和屠宰卫生条件都会影响原材料的原始污染程度。在加工过程中的污染源于不良的个人卫生、不当的操作，没有过滤的空气、产品之间的交叉污染，产品和原料的交叉污染等。

（五）贮存和销售条件

贮存的根本目的就是要保证产品质量不降低。根据食品对环境（温度湿度、气体等）的具体要求，在食品运输、贮存和销售环节中选择适合食品保存的工具、设备和条件，做好环境和器具消毒，保证产品的质量和安全。新鲜果蔬的特点是其货架期依赖于采后的呼吸作用，大部分新鲜水果伴随成熟呼吸速率逐渐增长，同时伴有色泽、风味、组织结构的改变等。呼吸作用一般随着温度的下降而下降，但温度过低也会引起食品品质下降和货架期缩短，如苹果组织坏死、辣椒和茄子产生黑斑等冷伤害。

此外，气体成分如适当比例的氧气和二氧化碳混合也可以延缓果实成熟、抑制腐烂；适当的相对湿度可以阻止霉菌生长和防止产品失水；也可利用化学物质抑制发芽或预防昆虫的破坏作用。对于包装的加工食品而言，最主要的影响因素是贮存温度。为了保证食品的质量，除了贮存温度合适之外，还要考虑选择具有阻止污染或氧气和水分的扩散的包装材料等多种措施加以综合控制。

第三节　食品安全与质量控制

一、技术—管理学途径

食品安全与质量控制学是质量管理学的原理技术和方法在食品原料生产加工、贮藏和流通过程中的应用。食品是一种与人类健康有密切关系的特殊产品，它既具有一般有形产品的质量特性和质量管理特征，又具有其独有的特殊性和重要性，因此食品安全与质量控制具有特殊的复杂性。从农田到餐桌的食品链上，无论在时间和空间上，食品安全与质量控制都应该全面覆盖，任何一个环节稍有疏忽，都会影响食品安全与质量，同时食品安全与质量所涉及的面既广泛又很复杂，食品原料及其成分的复杂性，食品的易腐性，食品对人类健康的安全性、功能性和营养性以及食品成分检测的复杂性等都会对控制效果产生不同的影响。即使是同一种产品具有相同的生产工艺，由于厂房、操作人员、设备、原料、检测方法等情况的差异，整个食品安全与质量控制的过程都会有实质性的差异。因此，食品企业的质量管理者不仅应该全面掌握质量管理的相关理论，还应该掌握食品加工的相关理论和科学技术，将技术和管理有机结合起来。

食品成分的复杂多变，使得工程技术知识显得非常重要，对诸如微生物、化学加工技术、物理、营养学、植物学、动物学之类的知识的掌握有助于理解这种复杂变化，并促进控制这种变化的技术和理论研究。在食品质量管理中，既要运用心理学知识来研究人的行为，又要运用技术知识来研究原料的变化。与心理学同等重要的还有社会学、经济学、数学和法律知识。

食品安全与质量控制包含加工技术原理的应用和管理科学的应用，两者有机结合，缺一不可。但是，技术和管理学的结合分别可以产生三种管理途径：管理学途径、技术途径和技术—管理学途径。管理学途径以管理学为主，以管理学的原理来管理质量。因此，在管理方面能做得很好，但是，由于对技术参数和工艺了解不够，所以在质量管理方面就不能应用自如。反之，在传统的技术途径管理中，由于缺乏管理学知识，管理学方面只能考虑得很有限，因此在质量管理方面也有缺陷。而技术－管理学途径的重点是集合技术和管理学于一个系统，质量问题被认为是技术和管理学相互作用的结果。技术—管理学途径的核心是同时使用了技术和管理学的理论和模型来预测食品生产体系的行为，并适当地改良这一体系。体现技术—管理学途径的最好例子便是 HACCP 体系。在 HACCP 体系中，关键的危害点通过人为的监控体系来控制，并通过公司内食品质量管理学各部门合作使消费者的期望得以实现。ISO22000：2018 体系更是将 HACCP 和质量管理体系有机结合起来，堪称技术—管理途径的经典。食品关系到人们的健康和生命，因此，对食品安全与质量的要求比对一般日常用品质量的要求更高。在食品质量管理时，既要有充分的管理学知识，又要具备农产品生产和食品加工的知识。为

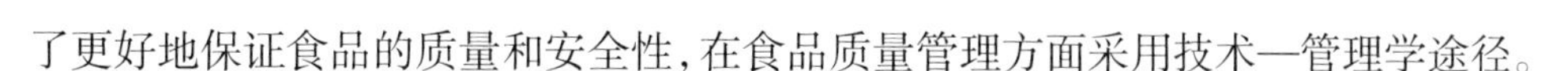

了更好地保证食品的质量和安全性，在食品质量管理方面采用技术—管理学途径。

由于食品类专业的学生已经系统地学习了食品安全及相关的工艺控制技术，本书在编写中注重了质量管理理论和相关的国家食品安全标准与法规的介绍，尽可能地从技术—管理学相结合的途径引导学生学习食品安全与质量控制的理论和方法。

二、食品安全与质量控制概述

关于食品安全与质量控制，学术界已经总结出较为完整的管理模式，鉴于篇幅所限，本书主要介绍以下方面。

（一）食品安全危害及风险管理

食品安全是一个综合性的概念，不仅包括公共卫生问题，还包括一个国家粮食供应是否充足的问题。食品安全是社会概念，影响社会经济发展的导向；食品安全是政治概念，与国民的生存发展、食品贸易、国家政治形势紧密相关。食品生产前生产中生产后都有不同的危害来源。一般而言，引起食品危害主要分三大类，即生物性危害、化学性危害和物理性危害。而风险分析（risk analysis）是一种制定食品安全标准的基本方法，根本目的在于保护消费者的健康和促进公平的食品贸易。风险分析包括风险评估、风险管理和风险交流三部分内容，三者既相互独立又密切关联。风险评估是整个风险分析体系的核心和基础，也是有关国际组织和区域组织工作的重点。风险管理既是在风险评估结果基础上的政策选择过程，包括选择实施适当的控制理念以及法规管理措施。风险交流是在风险评估者、风险管理者以及其他相关者之间进行风险信息及意见交换的过程。

（二）食品安全控制

食品安全控制危害贯穿于从农田到餐桌的每一个环节。食品安全危害的控制以相关的法规标准为依据，通过现代食品安全控制理念技术和控制体系，可有力保障消费者食品安全权利。相关法规标准有：国家认证认可监督管理委员会2014年发布的《关于更新食品安全管理体系认证专项技术规范目录的公告》，由中国认证认可协会牵头组织有关机构制修订并备案的《食品安全管理体系谷物加工企业要求》等22项专项技术规范。至此共有7项国家标准和22项专项技术规范作为食品安全管理体系认证的专项技术规范，其中原7项国家标准没有变化，17项专项技术规范替代原技术规范，5项专项技术规范为新制定的。教材精选了有代表性的关于粮油加工企业、肉蛋加工企业、酒类加工企业、果蔬及饮料加工企业共11个相关标准，介绍了相关的基本术语、前提方案、关键过程控制及产品检测等相关知识。学习者可以触类旁通，对相关的其他标准进行进一步的学习。

（三）食品品质设计

食品品质设计主要指新产品的设计，是一项复杂的技术与管理工作，需要在设计之初，了解市场和消费者的需求，根据企业自身的基础与条件，定位产品的类型，按照科学的工作程序进行设计工作。产品设计是一项多过程、多部门、多人员参与的复杂的技术与管理工作，为了保证设计工作的顺利开展及产品设计的完成，必须对设计工作进行过程分析，并制定科学、可行的工作程序。典型的产品设计过程包含四个阶段：概念开发及新产品计划、新产品试制、新产品鉴定和市场开发。在长期的设计实践中，一些新的设计方法和理念，如质量功能展开、过程设计、田口方法、稳健设计、并行工程等，使食品品质设计越来越成为一门系统的技术。

（四）食品质量控制

质量控制是质量管理的一个部分，主要是通过操作技术和工艺过程的控制，达到所规定的产品标准。质量控制包括技术和管理学的内容。典型的技术领域是统计方法和仪器设备的应用，而管理学方面主要是质量控制的责任和质量控制方法。典型的管理因素是指对质量控制的责任，与供应商及销售商的关系，对个人的教育和指导，使之能够实施质量控制。质量控制方法是保证产品质量并使产品质量不断提高的一种质量管理方法。它通过研究、分析产品质量数据的分布，揭示质量差异的规律，找出影响质量差异的原因，采取技术组织措施，消除或控制产生次品或不合格品的因素，使产品在生产的全过程中每一个环节都能正常地进行，最终使产品能够达到人们需要所具备的自然属性和特性，即产品的适用性、可靠性及经济性。运用质量图表进行质量控制是控制生产过程中产品质量变化的有效手段。

控制质量的图表有以下几种：分层图表法、排列图法、因果分析图法、散布图法、直方图法、控制图法，以及关系图法、KJ 图法、系统图法、矩阵图法、矩阵数据分析法、PDPC 法、网络图法。这些图表，在控制产品质量的过程中相互交错，应灵活运用。

（五）食品质量检验

食品质量检验是指研究和评定食品质量及其变化的一门学科，它依据物理、化学、生物化学的一些基本理论和各种技术，按照制定的技术标准，对原料辅助材料、成品的质量进行检测。质量检验人员参与质量改进工作，是充分发挥质量把关和预防作用的关键，也是检验部门参与质量管理的具体体现。食品检验内容十分丰富，包括食品营养成分分析、食品中污染物质分析、食品辅助材料及食品添加剂分析及食品感官鉴定等。狭义的食品检验通常是指对食品质量所进行的检验，包括对食品的外包装、内包装标志和商品外观的特性、理化指标以及其他一些卫生指标所进行的检验。检验方法主要有感官检验法和理化检验法。质量检验人员一般由具有一定生产经验、业务熟练的工程技术人员担任。他们熟悉生产现场，对生产中人、机、料、法、环等因素有比较清楚的了解。因此对质量改进能提出更切实可行的建议和措施，这也是质量检验人员的优势所在。实践证明，设计、工艺检验和操作人员联合起来共同投入质量改进，能够取得更好的效果。

（六）质量管理体系

针对质量管理体系的要求，国际标准化组织的质量管理和质量保证技术委员会制定了 ISO 9000 族系列标准，以适用于不同类型产品规模与性质的组织，该类标准由若干相互关联或补充的单个标准组成，其中为大家所熟知的是 ISO 9001：2015——质量管理体系要求。该质量管理体系要求将质量管理原则总结为七个方面：①以顾客为关注焦点；②领导作用；③全员参与；④过程方法；⑤改进；⑥循证决策；⑦关系管理。质量管理体系代表现代企业思考如何真正发挥质量的作用和如何最优地做出质量决策的一种观点。质量体系是有计划有步骤地把整个公司主要质量活动按重要性顺序进行改善的基础。任何组织都需要管理。当管理与质量有关时，则为质量管理。质量管理是在质量方面指挥和控制组织的协调活动，通常包括制定质量方针、目标以及质量策划、质量控制、质量保证和质量改进等活动。实现质量管理的方针目标，有效地开展各项质量管理活动，必须建立相应的管理体系，这个体系就叫质量管理体系。

（七）GMP 与 HACCP 系统

GMP 与 HACCP 都是为保证食品安全和卫生而制定的措施和规定。GMP 是适用于所有相同类型产品的食品生产企业的原则，而 HACCP 则因食品生产厂及其生产过程不同而不同。GMP 体现了食品企业卫生质量管理的普遍原则，而 HACCP 则是针对每一个企业生产过程的特殊原则。从 GMP 和 HACCP 各自的特点来看，GMP 是对食品企业生产条件、生产工艺、生产行为和卫生管理提出的规范性要求，而 HACCP 则是动态的食品卫生管理方法；GMP 的要求是硬性的、固定的，而 HACCP 的要求是灵活的、可调的；GMP 的内容是全面的，它对食品生产过程中的各个环节、各个方面都制定了具体的要求，是一个全面质量保证系统，HACCP 则突出对重点环节的控制，以点带面来保证整个食品加工过程中食品的安全。GMP 和 HACCP 在食品企业卫生管理中所起的作用是相辅相成的。通过 HACCP 系统，我们可以找出 GMP 要求中的关键项目，通过运行 HACCP 系统，可以控制这些关键项目使其达到标准要求。掌握 HACCCP 的原理和方法还可以使监督人员、企业管理人员具备敏锐的判断力和危害评估能力，有助于 GMP 的制定和实施。GMP 是食品企业必须达到的生产条件和行为规范，企业只有在实施 GMP 规定的基础之上，才能使 HACCP 系统有效运行。

第二章　食品安全危害及风险管理

第一节　食品安全的基本概念

一、食品的界定

现代营养学认为：食品对人体的作用主要有两大方面，即营养功能和感官功能，有的食品还具有调节作用。但国内外有关食品基本概念的界定和形成经历了几十年发展历程。在国内，1994 年发布的《食品工业基本术语》对食品的定义为："可供人类食用或饮用的物质，包括加工食品，半成品和未加工食品，不包括烟草或只作药品用的物质。"1995 年发布的《中华人民共和国食品卫生法》将食品定义为："各种供人食用的或饮用的成品和原料以及按照传统既是食品又是药品的物品，但不包括以治疗为目的的物品。"2009 年通过的《中华人民共和国食品安全法》定义食品为："指各种供人食用或者饮用的成品和原料以及按照传统既是食品又是药品的物品，但是不包括以治疗为目的的物品。"2021 年 4 月 29 日第十三届全国人民代表大会常务委员会第七次会议修订《中华人民共和国食品安全法》，将食品定义为："食品，指各种供人食用或者饮用的成品和原料以及按照传统既是食品又是中药材的物品，但是不包括以治疗为目的的物品。"在国外，美国《食品药品及化妆品法》第二条规定：食品为人或动物食用或饮用的物质及构成以上物质的材料，包括口香糖。日本《食品卫生法》《食品安全基本法》规定：食品是指除《药师法》规定的药品、准药品以外的所有饮食物。加拿大《食品与药品法》将食品定义为："经过加工、销售或直接作为食品和饮料为人类所消费的物品，包括口香糖和以任何目的混合在食品中的各种成分及原料"。欧盟议会与理事会 178/2002 法规第二条规定食品为："任何的物质或者产品，经过整体或局部的加工或未加工，能够作为或可能预期被人作为可摄取的产品。”国际食品法典委员会（CAC）将食品定义为：“食品（food），指用于人类食用或者饮用的经过加工、半加工或者未经过加工的物质，并包括饮料、口香糖以及已经用于制造、制备或处理食品的物质，但是不包括化妆品、烟草或者只作为药品使用的物质。”

二、食品安全、食品卫生与食品质量

（一）食品安全的界定

1974 年，联合国粮食及农业组织（FAO）在《世界粮食安全国际约定》中第一次提出了“食品安全”的概念。1996 年世界卫生组织（WHO）在发表《加强国家级食品安全性计划指南》中将“食品安全”界定为“对食品按原定用途进行制作和食用时不会使消费者健康受到损害的一种担保”。2003 年，FAO 和 WHO 将“食品安全”定义为：“‘食品安全’是指所有的危害，无论这种危害是慢性的还是急性的，都会使食物有害于消费者的健康。”在我国，2021 年《中华人民共和国食品安全法》第十章附则第一百五十条规定：食品安全，指食品无毒、无害，符合应当有的营养要求，对人体健康不造成任何急性、亚急性或者慢性危害。《中华人民共和国工业产品生产许可证管理条例》规定“生产许可证制度”和“市场准入标志制度”，对符合条件的食品生产企业，发放食品生产许可证，准予生产获证范围内的产品；未取得食品生产许可证的企业不准生产食品。对实施食品生产许可证制度的食品，出厂前必须在其包装或者标识上加印（贴）市场准入标志——QS（quality safety，质量安全）标志，意味着该食品符合了质量安全的基本要求。没有加印（贴）QS 标志的食品不准进入市场销售。该标志由“QS”和“生产许可”中文字样组成。标志主色调为蓝色，字母“Q”与“生产许可”四个中文字样为蓝色，字母“S”为白色，使用时可根据需要按比例放大或缩小，但不得变形、变色。2015 年 10 月 1 日实施的《食品生产许可管理办法》[①]与新《食品安全法》同步实施，明确食品生产许可证将由“SC”（“生产”的汉语拼音字母缩写）开头。

① 2020 年 3 月 1 日起施行的《食品生产许可管理办法》明确食品生产许可证编号由 SC（“生产”的汉语拼音字母缩写）和 14 位阿拉伯数字组成。

“SC”新版食品生产许可证对食品生产许可做出了四个方面的调整。2018年10月1日起，食品生产者生产的食品和食品添加剂将一律不得继续使用印有原证号和“QS”标志包装。从食品安全的定义的发展历程，我们深刻体会到：食品安全是一个综合性的概念，不仅指公共卫生问题，还包括一个国家粮食供应是否充足的问题。食品安全是社会概念，影响社会经济发展的导向；食品安全是政治概念，与国民的生存发展、食品贸易、国家政治形势紧密相关；食品安全同样是法律概念，世界各国一系列有关食品安全的法律法规的出台，反映了食品安全的法律规制的重大意义。而食品安全的法律概念有两层意思：一是看食品是否符合国家对食品营养标准的要求；二是看食品是否对人造成了现实中的危害。

（二）食品安全与食品卫生的区别

1996年以前，WHO曾把“食品卫生”和“食品安全”列为同义语。1996年，WHO发表《加强国家级食品安全性计划指南》，把“食品安全”与“食品卫生”作为不同的概念进行了区分。“食品安全”被解释为“按其原定的用途进行制作和食用时不会使消费者健康受到损害的一种担保”；“食品卫生”被定义为“为确保食品安全性在食物链的所有阶段必须采取的所有条件和措施”。日本食品安全监督管理机构也经历了从《食品卫生法》到《食品安全基本法》的转变。我国于1995年公布实施的《食品卫生法》也被2009年的《食品安全法》（2021年4月29日第二次修订）取代。从国内外和国际组织的这些变化可以看出，食品安全和食品卫生是有区别的。一是范围不同，食品安全包括食品（食物）的种植、养殖加工、包装、贮藏运输、销售、消费等环节的安全，而食品卫生通常并不包含种植养殖环节的安全。二是侧重点不同，食品安全是结果安全和过程安全的完整统一。食品卫生虽然也包含上述两项内容，但更侧重于过程安全。因此，我国《食品工业基本术语》将“食品卫生”定义为“为防止食品在生产、收获、加工、运输、贮藏、销售等各个环节被有害物质污染，使食品有益于人体健康所采取的各项措施”。因此，食品安全和食品卫生两个概念的主要区别在于：食品安全强调的是目的和结果；食品卫生强调的则是为了达到结果而进行的过程控制。

（三）食品安全和食品质量的区别

1996年FAO和WHO在发布《加强国家级食品安全性计划指南》中把“食

品质量”定义为“食品满足消费者明确的或者隐含的需要的特性”。食品质量包括影响食品消费价值的所有其他特性，不仅包括一些有利的特性如食品的色、香、质等，还包括一些不利的品质特性，如变色、变味腐烂等问题。食品质量关注的重点是食品本身的使用价值和性状，而食品安全关注的重点则是接受食品的消费者的健康问题。食品质量和食品安全在有些情况下容易区分，在有些情况下较难区分，因而多数人将食品安全问题理解为食品质量问题。

三、现代食品安全管理理念

（一）树立食品安全文化的理念

食品安全是食品质量的核心。只有在技术上确有必要、经过风险评估证明安全可靠的食品添加剂，才能被允许使用。食品生产者必须本着不用、慎用、少用的原则，严格按照食品安全标准中关于食品添加剂的品种、使用范围、用量的规定使用食品添加剂，不得在食品生产中使用食品添加剂以外的化学物质或者其他危害人体健康的物质。

（二）可追溯管理的理念

食品生产过程中的可追溯管理以及食品的可追溯性，即应用身份鉴定和健康等标识对食品尤其是动物源性食品进行追查的能力。即使发生食品安全事故，政府及管理部门均可及时追踪事故的源头，找到责任人，从而控制事故的规模。

（三）全程监管的理念

食品安全问题涉及食品的生产者、经营者、消费者和市场管理者等各个层面，贯穿于食品原料的生产、采集加工、包装运输和食用等各个环节，每个环节都可能存在安全隐患。必须从源头上做好食品安全工作，有一个完善的食品安全法体系，涵盖整个食品产业链，有效实施从农田到餐桌的全程监管。

（四）风险分析的理念

广义上的风险表现为不确定性，可能有收获，也可能有损失。狭义上的风险，强调风险表现为损失的不确定性。只有对风险进行定量估计，才能使人们对于风险的认识更加明确。综上所述，食品安全是静态的结果，是食品安全监管制度希望达到的最终目的；食品安全也是动态的过程，追求安全是监管制度一直坚持的准则；如果食品安全的外延和内涵发生认识性的分歧，将会使监管主体、被监管的食品企业、消费者的认识趋于混乱。因此，分析食品安全这个概念，对食品安全监管制度有巨大的理论和实践指导意义。

第二节　国内外食品安全问题的警示

一、食品安全中“质”和“量”的问题

食品是人类赖以生存的物质基础。食品从农田到餐桌通常需要经过加工、包装、运输和贮藏等很多环节，有许多因素（如各种理化因素和生物因素）都会影响到食品食用品质和营养价值，这就涉及食品安全问题。对于经济欠发达地区和国家来说，食物供应总量不足，不能解决国民的温饱问题，这涉及食品安全中“量”的问题；对于经济发达地区和国家来说，食物供应总量充足，国民吃饱之后，各种因素导致食品中可能存在有毒、有害物质对人类健康造成损害，开始追求吃得放心、吃得健康，这就涉及食品安全中“质”的问题。我国凭借占世界 9% 的耕地，养活了占世界 20% 的人口，食物从短缺进入数量充足、种类丰富的时代，这是表现在食品安全中“量”的方面。随着社会经济发展，人民生活水平的提高，消费者对食品安全中“质”的要求也越来越高。然而，伴随着经济的快速发展，工业“三废”对水源、大气和土壤等的污染，长期以来化肥、农药等的不合理使用，兽药和饲料添加剂使用不当，食品加工过程中添加剂的滥用，以及市场准入制度没有完全建立，市场监督管理力度不够等，导致食品安全问题频发。

二、食品安全“血”和“泪”事件

国内食品安全事件多年来时有发生。1996—1998 年，云南、山西等地出现工业酒精勾兑假酒事件，导致上百人残疾，数十人死亡。1998—2002 年，全国各地发生因食用含有瘦肉精的猪肉或猪内脏，以及食用瘦肉精喂养的禽肉或鱼的中毒事件多达 58 起，致 1 900 多人中毒。2004 年，全国 10 多个省（区、市）粮油批发市场发现了国家粮库淘汰的发霉米，含有可致肝癌的黄曲霉素。2005 年，福建、江西及安徽等地出口的鳗鱼产品，被检出含有孔雀石绿；同年，调味品、红心鸭蛋及肯德基快餐中检出苏丹红。2006 年，上海市发生多起瘦肉精中毒事件，

造成300多人入院。2008年，因食用含三聚氰胺的奶粉导致29万多儿童泌尿系统出现异常；2010年，海南豇豆中农残超标；多家餐厅使用地沟油。2011年，火腿中检出瘦肉精；安徽工商部门查获一种可让猪肉变牛肉的添加剂——牛肉膏。2011年12月，乳品被检出黄曲霉毒素超标140%。另外还有地沟油、皮革奶、塑化剂、问题蜜饯、蓝矾毒韭菜、甲醛白菜等食品安全事件不断被发生。这些食品安全事件的发生，给人们的身体健康和生命安全造成极大损失。国外食品安全恶性事件也不断发生。1986年，牛海绵状脑在英国暴发随后蔓延到欧洲其他国家，乃至亚洲的日本，人一旦感染此病死亡率几乎为100%，在这次事件中，英国有320万头牛被扑杀并销毁，损失达40亿英镑。1996年，日本4 000多人因食用感染大肠杆菌的食物而中毒，12人死亡。1999年年底，比利时发生既有致癌性又损伤生殖免疫系统功能的二噁英污染事件，直接导致比利时内阁政府下台。1999年至2001年，美国、日本、法国等国家先后发生多起因食用受李斯特菌污染的食物导致的中毒事件，造成20余人死亡。2000年，日本生产的乳制品中因含有金黄色葡萄球菌，导致1万多人中毒。2000年，韩国发生口蹄疫事件后，日本、美国、澳大利亚等国相继宣布暂时停止从韩国进口畜产品，韩国9万吨猪肉出口受阻，出口创汇减少4.1亿美元。2001年，口蹄疫肆虐英国，继而侵入欧洲大陆，随后进入南美洲，在这次事件中，英国因牛肉产品出口受阻年损失达50多亿美元，首相布莱尔因口蹄疫不得不推迟大选；德国卫生部、农业部两位部长被迫辞职。2004年6月，韩国出现“垃圾饺子”事件，企业将下脚料制成垃圾馅，造成大肠杆菌含量严重超标。2009年1月，美国花生酱被沙门菌污染，9人因食用染菌花生酱死亡。2009年2月，巴西在食用红花籽油中发现亚麻油酸违禁成分。2010年年底，德国北威州的养鸡场饲料遭二噁英致癌物质污染，其他州相继出现饲料被污染的情况，2011年1月，4 700多家农场被迫临时关闭。2013年席卷欧洲的“马肉风波”，给我们又一次敲响了警钟。

三、食品安全问题造成的社会和经济影响

食品安全问题造成的社会和经济损失的影响是巨大的。据报道，世界范围内谷物和豆类的损失至少有10%，蔬菜和水果的损失高达50%。这些损失中很大

部分是由污染造成的。每年约有10亿吨农产品会受到真菌毒素的威胁。据统计，每年仅沙门菌病给美国造成的损失就多达16.13亿～50.53亿美元。食品安全问题会影响国际食品贸易。出口国食品污染不仅可能引起进口国直接拒收，甚至还会因国家食品不安全使声誉受损，影响其贸易和旅游业。1991年，秘鲁发生霍乱弧菌污染食品事件，一方面，秘鲁必须承担众多感染者的医疗费用，另一方面，许多国家停止或限制从秘鲁进口食品，导致秘鲁当年食品出口损失总计达7亿美元，同时也影响了该国的旅游业。食品安全问题的发生，不仅给社会经济造成了极大的损失、损害了消费者的健康，而且严重制约着食品产业的持续发展，乃至影响整个国家或地区的经济发展和社会稳定。

四、信任危机问题

当前我国食品安全的控制整体良好，但低于大众预期。这可能受国内外一些食品安全事件多发的影响，很多人对食品安全存在一种恐慌心理。大多数消费者认为食品安全存在许多潜在的风险，会不定时地带来危机，但不知会在何时何地发生。这种恐慌不仅会给受害人带来身体上的伤害，而且会对民众带来心理的伤害。重新树立大众对食品安全的信心是一个漫长的过程，很难在短期内实现。

五、食品安全中“食源性疾病”问题

世界卫生组织认为，凡是通过摄食进入人体的各种致病因子引起的，具有感染性的或中毒性食源性疾病的一类疾病，称为食源性疾病。即指通过食物传播的方式和途径致使病原物质进入人体并引发的中毒或感染性疾病，包括常见的食物中毒、肠道传染病、人畜共患传染病、寄生虫病以及化学性有毒有害物质所引起的疾病。中国工程院院士陈君石表示，一项食源性疾病监测显示，我国平均每6.5人中就有1人罹患食源性疾病，严重者直接导致死亡。因此，食源性疾病是头号食品安全问题，致病性微生物引起的食源性疾病是全世界的头号食品安全问题，也是中国的头号食品安全问题。为避免食源性疾病的发生，至少需要三方面的共同努力：一是需要食品生产经营者认真遵照食品安全的要求进行生产制造；二是政府需加强监管；三是需要消费者掌握一定的卫生常识。

第三节　食品生产体系中的危害来源

一、食品生产前（食品原料）的危害来源

（一）天然有害物质

食品中的天然有害物质是指某些食物本身含有对人体健康有害的物质，或降低食物的营养价值，或导致人体代谢紊乱，或引起食物中毒，有的还会产生“三致”反应（致畸、致突变、致癌）。天然有害物质主要存在于动植物性食物中，但多集中于海产鱼、贝类食物。如马铃薯变绿能够产生龙葵碱，有较强毒性，通过抑制胆碱酯酶活性引起中毒反应，还对胃肠黏膜有较强的刺激作用，并能引起脑水肿、充血。河豚毒素是一种有剧毒的神经毒素，一般的家庭烹调（加热、盐腌）、紫外线和太阳光照射均不能破坏。其毒性甚至比剧毒的氰化钠要强 1 250 倍，能使人神经麻痹，最终导致死亡。但河豚毒素在豚毒鱼类体内分布不均，主要集中在卵巢、睾丸和肝脏，其次为胃肠道、血液、鳃、肾等，肌肉中则很少。若把生殖腺、内脏、血液、皮肤去掉，新鲜的、洗净的河豚鱼肉一般不含毒素，但若河豚鱼死后较久，内脏毒素流入体液中逐渐渗入肌肉，则肌肉也有毒而不能食用。

（二）食物致敏

食物致敏原是指能引起免疫反应的食物抗原分子，大部分食物致敏原是蛋白质。不同人群对食物致敏有很大差异。成人一般为花生、坚果、鱼和贝类等食物；幼儿一般为牛奶、鸡蛋、花生和小麦等食物。加热可使大多数食物的致敏性降低，但有一些食物烹调加热后致敏性反而增强，如常规巴氏消毒不仅不能使一些牛奶蛋白质降解，还会使其致敏性增强。

（三）农兽药残留

现代农业生产中往往需要投入大量的杀虫剂、杀菌剂（拟除虫菊酯等）、除草剂，由于用药不当或不遵守停药期，在稻谷和果蔬等植物食品中就会产生农药残留超标问题。在大规模养殖生产中，为了预防疫病、促进生长和提高饲料效率，常常在饲料或饮水中人为加入一些药物（驱寄生虫剂等），但如果用药不当或不遵守停药期，动物体内就会出现超过标准的药物残留而污染动物源性食品。

（四）重金属残留

有毒重金属进入食品包括如下途径：①工业“三废”的排放造成环境污染，是食品中有害重金属的主要来源。这些有害金属在环境中不易净化，可以通过食物链富积，引起食物中毒。②有些地区自然地质条件特殊，地层有毒金属含量高，使动植物有毒金属含量显著高于一般地区。③食品加工中使用的金属机械、管道、容器以及因工艺需要加入的食品添加剂品质不纯，含有有毒金属杂质而污染食品。

（五）细菌性污染

在全世界所有的食源性疾病暴发的案例中，66% 以上为细菌性致病菌所致。对人体健康危害较严重的致病菌有：沙门菌、大肠杆菌、副溶血性弧菌、蜡样芽孢杆菌、变形杆菌、金黄色葡萄球菌等十余种。蜡样芽孢杆菌、金黄色葡萄球菌产生的肠毒素、沙门菌等进入人体后通常会引起恶心、呕吐、腹泻、腹痛、发热等中毒症状。单核细胞增多性李斯特菌会引起脑膜炎以及与流感类似的症状，甚至致流产死胎。

（六）食源性寄生虫

各种禽畜寄生虫病严重危害着家畜、家禽和人类的健康，如猪、牛、羊肉中常见的易引起人畜共患疾病的寄生虫有片形吸虫、囊虫、旋毛虫、弓形虫等。人们在生吃或烹调不当的情况下，就容易引起一些疾病，如片形吸虫可致人食欲减退、消瘦、贫血等；猪囊虫可致癫痫；旋毛虫可致急性心肌炎、血性腹泻、肠炎等；弓形虫可引发弓形虫病。

（七）真菌及其毒素

污染真菌的种类很多，有 5 万多种。霉菌是真菌的一种，广泛分布于自然界。受霉菌污染的农作物、空气、土壤等都可污染食品。霉菌和霉菌毒素污染食品后，引起的危害主要有两个方面：霉菌引起食品变质和产生毒素引起人类中毒。霉菌污染食品可使食品食用价值降低，甚至完全不能食用，造成巨大经济损失。据统计，全世界每年平均有 2% 的谷物由于霉变不能食用。霉菌毒素引起的中毒大多由被霉菌污染的粮食、油料作物以及发酵食品等引起，而且霉菌中毒往往表现为明显的地方性和季节性，尤其是连续低温的阴雨天气应引起重视。一次大量摄入被霉菌及其毒素污染的食品，会造成食物中毒；长期摄入少量受污染食品也会引起慢性病或癌症等。

二、食品生产中的危害来源

（一）腌制技术

食物在腌制过程中，常被微生物污染，如果加入食盐量小于 15%，蔬菜中硝酸盐可被微生物还原成亚硝酸盐。据检测，制作咸肉时添加 0.5 ～ 200 毫克 / 千克的亚硝酸钠，在所有咸肉中均含有 2 ～ 20 微克 / 升的亚硝胺，而不加亚硝酸钠的咸肉中没有测出亚硝胺。人若进食了含有亚硝酸盐的腌制品后，会引起中毒，皮肤黏膜呈青紫色，口唇发青，重者还会伴有头晕、头痛、心率加快等症状，甚至昏迷。此外，亚硝酸盐在人体内遇到胺类物质时，可生成亚硝胺。亚硝胺是一种致癌物质，故常食腌制品容易致癌。

（二）熏烤技术

3,4 - 苯并 [α] 芘是多环芳烃中一种主要食品污染物，随食物摄入人体内的 3,4- 苯并 [α] 芘大部分可被吸收，经过消化道吸收后，经过血液很快遍布人体，人体乳腺和脂肪组织可蓄积 3,4 - 苯并 [α] 芘。其致癌性最强，主要表现为胃癌和消化道癌。碳氢化合物在供氧不足条件下燃烧能生成 3,4 - 苯并 [α] 芘。烘烤温度高，食品中的脂类胆固醇、蛋白质、碳水化合物发生热解，经过环化和聚合形成了大量多环芳烃，其中以 3,4 - 苯并 [α] 芘为最多。当食品在烟熏和烘烤过程中焦糊或炭化时，3,4 - 苯并 [α] 芘生成量显著增加。烟熏时产生的 3,4 - 苯并 [α] 芘主要是直接附着在食品表面，随着保藏时间延长逐步渗入食品内部。加工过程中使用含 3,4 - 苯并 [α] 芘的容器、管道、设备、机械运输原料、包装材料以及含多环芳烃的液态石蜡涂渍的包装纸等均会对食品造成 3,4 - 苯并 [α] 芘的污染。

（三）干制技术

传统干燥方法（如晒干和风干），主要利用自然条件进行干燥，干燥时间长，容易受到外界条件的影响污染食品。采用机械设备干燥虽能降低污染，但容易引起油脂含量较高的食品氧化变质。

（四）发酵技术

食品发酵过程中也存在诸多方面的安全性问题。发酵工艺控制不当，造成污染菌或代谢异常，引入毒害性物质；曲霉等发酵菌在发酵过程中，可能产生某些毒素，危害到食品安全；某些发酵添加剂本身是有害物质，如部分厂家在啤酒糖化过程中添加甲醛溶液；发酵罐的涂料受损后，罐体自身金属离子的溶出，造成产品中某种金属离子的超标，如酱油出现铁离子超标等。

（五）蒸馏技术

蒸馏技术在食品加工中用于提纯一些有机成分，如酒精、甘油丙酮。在蒸馏过程中，蒸馏出的产品可能存在副产品污染问题，如酒精馏出物有甲醇、杂醇油、铅的混入问题。

（六）分离技术

在食品生产过滤中，如果操作不当，会导致过滤周期不成比例地缩短，可能出现一些有害物质残留；在食品生产萃取中，为提取脂溶性成分和精炼油脂，大多使用有机溶剂（如苯、氯仿、四氯化碳等毒性较强的溶剂），如在食品中过量残留会造成一定的危害；在食品生产絮凝中，常采用的絮凝剂为铝、铁盐和有机高分子类，若过量使用，残留于产品中会产生食品安全问题。

（七）灭菌技术

近年来，食品工业中灭菌技术有了很大发展，但仍有可能出现安全问题。巴氏消毒法采用 100℃以下温度杀死绝大多数病原微生物，但若食品被一些耐热菌污染，易生长繁殖引起食物腐败变质。高压蒸汽灭菌是将食品（如罐头）预先装入容器密封，采用 121℃高压蒸汽灭菌 15 ～ 20 分钟。但肉毒梭状芽孢杆菌耐热性强，个别芽孢存活，能在罐头中生长繁殖，并产生肉毒毒素引起食物中毒。

三、食品生产后的危害来源

食品生产后的危害来源主要集中在食品包装上。包装材料直接和食物接触，很多材料成分可迁移进食品中，称为“迁移”，可在玻璃、陶瓷、金属、硬纸板、塑料包装材料中发生。如采用陶瓷器皿盛放酸性食品时，表面釉料中含有铅等重金属离子就可能被溶出，随食物进入人体从而对人体造成危害。因此，对于食品包装材料安全性的基本要求就是不能向食品中释放有害物质，不与食品成分发生反应。

第四节　食品安全风险管理

一、生物性危害分析

生物性危害是指有害的细菌、真菌、病毒等微生物及寄生虫、昆虫等生物对食品造成的危害。在食品加工、贮存、运输、销售，直到食用的整个过程中，每一个环节都有可能受到这些生物的污染，危害人体健康。

（一）细菌

食品中丰富的营养成分能为细菌的生长繁殖提供充足的物质基础，食品在细菌作用下腐败变质，失去原有的营养成分。人们食用了被有害细菌污染的食品，会发生各种中毒现象。

1. 沙门菌

沙门菌是一类革兰氏阴性肠道杆菌，是引起人类伤寒、副伤寒、感染性腹泻、食物中毒等疾病的重要肠道致病菌，是食源性疾病的重要致病菌之一。沙门菌广泛分布于家畜、鸟、鼠类肠腔中，在动物中广泛传播并感染人群。患沙门菌病的带菌者的排泄物或带菌者自身都可直接污染食品，常被污染的食物主要有各种肉类、鱼类、蛋类和乳类食品，其中以肉类居多。沙门菌随同食物进入机体后在肠道内大量繁殖，破坏肠黏膜，并通过淋巴系统进入血液，出现菌血症，引起全身感染。另外会释放出毒力较强的内毒素，内毒素和活菌共同侵害肠黏膜继续引起炎症，出现体温升高和急性胃肠症状。大量活菌释放的内毒素同时引起机体中毒，潜伏期平均为 12 ～ 24 小时，短者 6 小时，长者 48 ～ 72 小时，中毒初期表现为头痛、恶心、食欲不振，之后出现呕吐、腹泻、腹痛、发热，严重者可引起痉挛、脱水、休克等症状。

2. 致病性大肠埃希菌

大肠埃希菌是一类革兰阴性肠道杆菌，是人、畜肠道中的常见菌，随粪便排出后广泛分布于自然界，可通过粪便污染食品、水和土壤，在一定条件下可引起肠道外感染，以食源性传播为主，水源性和接触性传播也是重要的传播途径。某些血清型大肠杆菌能引起人类腹泻。其中肠产毒性大肠杆菌会引起婴幼儿腹泻，出现轻度水泻，也可呈严重的霍乱样症状。腹泻常为自限性，一般 2 ～ 3 天即愈，营养不良者可达数周，也可反复发作。肠致病性大肠杆菌是婴儿腹泻的主要病原菌，有高度传染性，严重者可致死。细菌侵入肠道后，主要在十二指肠、空肠和回肠上段大量繁殖。此外，肠出血性大肠杆菌会引起散发性或暴发出血性结肠炎，可产生志贺毒素样细胞毒素。

3. 葡萄球菌

葡萄球菌是一种革兰阳性球菌，广泛分布于自然界，如空气、水、土壤、饲料和其他物品上，多数为非致病菌，少数可导致疾病。食品中葡萄球菌的污染源一般来自患有化脓性炎症的病人或带菌者，因饮食习惯不同，引起中毒的食品是多种多样的，主要是营养丰富的含水食品，如剩饭、糕点凉糕、冰激凌、乳及乳制品，其次是熟肉类，偶见于鱼类及其制品、蛋制品等。近年，由熟鸡、鸭制品引起的中毒现象有增多的趋势。葡萄球菌中，金黄色葡萄球菌致病力最强，可产生肠毒素、杀白血球素、溶血素等，刺激呕吐中枢产生催吐作用。金黄色葡萄球菌污染食物后，在适宜的条件下大量繁殖产生肠毒素，若吃了这些不安全的食品，极易发生食物中毒。

4. 致病性链球菌

致病性链球菌是化脓性球菌的一类常见的细菌，广泛存在于水、空气、人及动物粪便和健康人鼻咽部，容易对食品产生污染。被污染的食品因烹调加热不彻底，或在加热后又被本菌污染，在较高温度下存放时间较长，食前未充分加热处理，以致食后引起中毒。食用致病性链球菌污染的食品后，常引起皮肤和皮下组织的化脓性炎症及呼吸道感染，还能引起猩红热、流行性咽炎、丹毒、脑膜炎等，严重者可危害生命。

5. 肉毒梭状芽孢杆菌

肉毒梭状芽孢杆菌（简称肉毒梭菌）属于厌氧性梭状芽孢杆菌属，广泛分布于土壤、水、腐败变质的有机物、霉干草、畜禽粪便中，带菌物可污染各类食品原料，特别是肉类和肉制品。肉毒梭菌能够产生菌体外毒素，经肠道吸收后进入血液，作用于脑神经核、神经接头处以及植物神经末梢，阻止乙酰胆碱的释放，妨碍神经冲动的传导而引起肌肉松弛性麻痹。

6. 副溶血性弧菌

副溶血性弧菌又称肠炎弧菌，是我国沿海地区夏秋季节最常见的一种食物中毒菌。常见的鱼、虾、蟹、贝类中副溶血性弧菌的检出率很高。副溶血性弧菌导致的食物中毒，大多为副溶血性弧菌侵入人体肠道后直接繁殖造成的感染及其所产生的毒素对肠道共同作用的结果。潜伏期一般为 6 ～ 10 小时，最短者 1 小时，长者可达 24 ～ 48 小时。耐热性溶血毒素除有溶血作用外，还有细胞毒、心脏毒、肝脏毒等作用。

7. 空肠弯曲菌

空肠弯曲菌是一种重要的肠道致病菌。食品被空肠弯曲菌污染的重要来源是动物粪便，其次是健康的带菌者。此外，已被感染空肠弯曲菌的器具等未经彻底消毒杀菌便继续使用，也可导致交叉感染。食用空肠弯曲菌污染的食品后，可发生中毒事故，主要危害部位是消化道。潜伏期一般为 3 ～ 5 天，突发腹痛、腹泻、恶心、呕吐等胃肠道症状。该菌进入肠道后在含微量氧环境下迅速繁殖，主要侵犯空肠、回肠和结肠，侵袭肠黏膜，造成充血及出血性损伤。

8. 志贺菌

志贺菌是一类革兰阴性杆菌，是人类细菌性痢疾最为常见的病原菌，通称痢疾杆菌。痢疾病人和带菌者的大便污染食物、瓜果、水源和周围环境，夏秋季天气炎热，苍蝇孳生快，苍蝇上的脚毛可黏附大量痢疾杆菌等，是重要的传播媒介。因此，夏秋季节痢疾的发病率明显上升。志贺菌污染食品后，大量繁殖，并产生细胞毒素、肠毒素和神经毒素，食后可引起中毒，抑制细胞蛋白质合成，使肠道上皮细胞坏死、脱落，局部形成溃疡。由于上皮细胞溃疡脱落，形成血性、脓性的排泄物，这是志贺菌对人体产生的主要危害。志贺菌食物中毒后，潜伏期一般为 10 ～ 20 小时。发病时以发热、腹痛、腹泻、痢疾后重感及黏液脓血便为特征。

（二）病毒

病毒到处存在，只对特定动物的特定细胞产生感染作用。因此，食品安全只需考虑对人类有致病作用的病毒。容易污染食品的病毒有甲型肝炎病毒（Hepaitis A virus，HAV）、诺如病毒（Norovrus）、嵌杯病毒（CaliCivirus）、星状病毒（Astrovinus）等。这些病毒主要来自病人、病畜或带毒者的肠道，污染水体或与手接触后污染食品。已报道的所有与水产品有关的病毒污染事件中，绝大多数中毒者由食用了生的或加热不彻底的贝类而引起。食品受病毒污染主要有四种途径：①港湾水域受污水污染会导致海产品受病毒污染。②灌溉用水受污染会使蔬菜、水果的表面沉积病毒。③使用受污染的饮用水清洗和输送食品或用来制作食品，会使食品受病毒污染。④受病毒感染的食品加工人员，很容易将病毒带进食品中。

（三）寄生虫

寄生虫是需要有寄主才能存活的生物。寄生虫感染主要发生在喜欢生食或半生食水产品的特定人群中。目前，我国食品中对人类健康危害较大的寄生虫主要有线虫、吸虫和绦虫。其中，比较常见的有吸虫中的华支睾吸虫和卫氏并殖吸虫，线虫中的异尖线虫、广州管圆线虫。2006 年，我国北京、广州等地人们食用受管圆线虫污染的福寿螺时，由于加工不当，没能及时有效地杀死寄生在螺内的管圆线虫，致使寄生虫的幼虫侵入人体，到达人的脑部，造成大脑中枢神经系统的损害，患者出现一系列的神经症状。食品受寄生虫污染有以下几种途径：原料动物患有寄生虫病，食品原料遭到寄生虫虫卵的污染，粪便污染，生熟不分。

（四）真菌

真菌在自然界分布极广，特别是阴暗潮湿和温度较高的环境更有利于它们的生长，极易引起食品的腐败变质，使食品失去原有的色、香、味、形，降低甚至完全丧失食用价值。有些真菌可以产生毒素，有的毒素甚至经烹调加热都不能被破坏，还可引起食物中毒，如黄曲霉毒素，其耐高温，毒性远远高于氰化物、砷化物和有机农药，摄入量大时可发生急性中毒，出现急性肝炎、出血性坏死、肝细胞脂肪变性和胆管增生；微量持续摄入，可造成慢性中毒，引起纤维性病变，致使纤维组织增生。

二、化学性危害分析

食品中化学物质的残留可直接影响消费者身体健康，因此，降低食物化学性危害程度，防止污染物随食品进入人体，是提高食品安全性的重要环节之一。造成食品化学性危害的物质有：食品添加剂、农药残留、兽药残留、重金属硝酸盐、亚硝酸盐等。化学污染可以发生在食品生产和加工的任何阶段。化学品，例如：农药、兽药和食品添加剂等适当地、有控制地使用是没有危害的，而一旦使用不当或超量就会对消费者造成危害。化学危害可分为以下几种：

（1）天然存在的化学物质：霉菌毒素、组胺、蘑菇毒素、贝类毒素和生物碱等。

（2）有意加入的化学物质：食品添加剂（硝酸盐、色素等）。

（3）无意或偶尔进入食品的化学物质：农用的化学物质（杀虫剂、杀真菌剂、除草剂、肥料、抗生素和生长激素等）、食品法规禁用的化学品有毒元素和化合物（铅、锌、砷、汞氰化物等）、多氯联苯、工厂化学用品（润滑油、清洁剂、消毒剂和油漆等）。

三、物理性危害分析

物理性危害通常对个体消费者或相当少的消费者带来问题，危害结果通常导致个人损伤，如牙齿破损、嘴划破、窒息等，或者其他不会对人的生命产生威胁的问题。潜在的物理危害由正常情况下食品中没有的外来物质造成，包括金属碎片、碎玻璃、木头片、碎岩石或石头。法规规定的外来物质也包括这类物质，如食品中的碎骨片、鱼刺、昆虫以及昆虫残骸、啮齿动物及其他哺乳动物的头发、沙子以及其他通常无危害的物质。要在食品生产过程中有效地控制物理危害，及时除去异物，必须坚持预防为主，保持厂区和设备的卫生，要充分了解一些可能引起物理危害的环节，如运输、加工、包装和贮藏过程以及包装材料的处理等，并加以防范。如许多金属检测器能发现食品中含铁的和不含铁的金属微粒，X 线技术能发现食品中的各种异物，特别是骨头碎片。

四、食品安全风险管理

自 20 世纪 90 年代以来，一些危害人类生命健康的重大食品安全事件不断发生，食品安全已成为全球关注的问题。有关国际组织和各国政府都在采取切实措施，保障食品安全。为了保证各种措施的科学性和有效性，最大限度地利用现有的食品安全管理资源，迫切需要建立一种新的国际食品安全宏观管理模式，以便在全球范围内科学地建立各种管理措施和制度，对其实施的有效性进行科学的评价。借鉴金融和经济管理领域的理念，食品安全风险分析的概念应运而生。

（一）风险分析概要

1. 风险分析的概念

风险分析（risk analysis）是一种制定食品安全标准的基本方法，根本目的在于保护消费者的健康和促进食品贸易的公平竞争。风险分析是指对某一食品危害进行风险评估、风险管理和风险交流的过程，具体为通过对影响食品安全的各种生物、物理和化学危害进行鉴定，定性或定量地描述风险的特征，在参考有关因素的前提下，提出和实施风险管理措施，并与利益攸关者进行交流。风险分析在食品安全管理中的目标是分析食源性危害，确定食品安全性保护水平，采取风险管理措施，使消费者在食品安全性风险方面处于可接受的水平。

2. 风险分析的要素及其关系

风险分析包括风险评估、风险管理和风险交流三部分内容，三者既相互独立又密切关联。风险评估是整个风险分析体系的核心和基础，也是有关国际组织和区域组织工作的重点。风险管理是在风险评估结果基础上的政策选择过程，包括选择实施适当的控制理念以及法规管理措施。风险交流是在风险评估者、风险管理者以及其他相关者之间进行风险信息及意见交换的过程。

3. 风险分析在食品安全管理中的作用

风险分析将贯穿食物链（从原料生产、采集到终产品加工、贮藏、运输等）各环节的食源性危害均列入评估内容，同时考虑评估过程中的不确定性、普通人群和特殊人群的暴露量，权衡风险与管理措施的成本效益，不断监测管理措施（包括制定的标准法规）的效果并及时利用各种交流信息进行调整。风险分析为各国建立食品安全技术标准提供具体操作模式，也是世界贸易组织（WTO）制定食品安全标准和解决国际食品贸易争端的依据。随着近几年全球性食品安全事件的频繁发生，人们已经认识到以往的基于产品检测的事后管理体系无法改变食品已被污染的事实，而且对每一件产品进行检测会花费巨额成本。因此，现代食品安全风险管理的着眼点应该是进行事前有效管理。

（二）风险评估

1. 风险评估的概念

风险评估（risk asessment）是指建立在科学基础上的，包含危害鉴定、危害描述、暴露评估、风险描述四个步骤的过程，具体为利用现有的科学资料，对食品中某种生物、化学或物理因素的暴露对人体健康产生的不良后果进行鉴定、确认和定量。

2. 风险评估的基本程序

风险评估的基本程序为危害鉴定、危害特征描述、暴露评估和风险特征描述。危害鉴定（hazard identification）是指识别可能对健康产生不良效果，且可能存在于某种或某类特别食品中的生物、化学和物理因素。对于化学因素（包括食品添加剂、农药和兽药残留、重金属污染物和天然毒素）而言，危害识别主要是指要确定某种物质的毒性（产生的不良效果），在可能时对这种物质导致不良效果的固有性质进行鉴定。实际工作中，危害识别一般采用动物试验和体外试验的资料作为依据。动物试验包括急性和慢性毒性试验，遵循标准化试验程序，同时必须实施良好实验室规范（good laboratory practice，GLP）和标准化的质量保证/质量控制（quality assurance/quality control，QA/QC）程序。最少数据量应当包含规定的品种数量、两种性别、剂量选择、暴露途径和样本量。动物试验的主要目的在于确定无明显作用的剂量水平（no-observed effect level，NOEL）、无明显不良反应的剂量水平（no-observed adverse effect level，NOAEL）或者临界剂量。体外试验可以增加对危害作用机制的了解。定量的结构—活性关系研究，对于同一类化学物质（如多环芳烃、多氯联苯），可以根据一种或多种化合物已知的毒理学资料，采用毒物当量的方法来预测其他化合物的危害。

危害特征描述（hazard characterization）指对与食品中可能存在的生物、化学和物理因素有关的健康不良效果的性质的定性和（或）定量评价。评估方法一般由毒理学试验获得的数据外推到人，计算人体的每日允许摄入量（acceptable daily intake，ADI）。严格来说，对于食品添加剂、农药和兽药残留，制定 ADI 值；对于蓄积性污染物镉制定暂定每月耐受摄入量（provisional tolerable monthly intake，PIMI）；对于蓄积性污染物（如铅、汞等其他蓄积性污染物），制定暂定每周耐受摄入量（provisional tolerable weekly intake，PTWI）；对于非蓄积性污染物（如砷），制定暂定每日耐受摄入量（provisional tolerable daily intake，PTDI）；对于营养素，制定推荐膳食摄入量（rcongended daily intake，RDI）。

目前，国际上由联合国家粮食及农业组织和世界卫生组织下的食品添加剂委员会（Joint FAO/ WHO Expert Coumitee on Food Additives，JECFA）制定食品添加剂和兽药残留的 ADI 值以及污染物的 PTWI/PTDI 值，由农药残留联席会议（Joint Meeting on Pesticide Residue，JMPR）制定农药残留的 ADI 值等。

暴露评估（exposure asessment）是指对于通过食品的可能摄入和其他有关途径暴露的生物因素、化学因素和物理因素的定性和（或）定量评价。暴露评估主要根据膳食调查和各种食品中化学物质暴露水平调查的数据进行，通过计算可以得到人体对于该种化学物质的暴露量。进行暴露评估需要有关食品的消费量和这些食品中相关化学物质浓度两方面的资料，一般可以采用总膳食研究、个别食品的选择性研究和双份饭研究进行。因此，进行膳食调查和国家食品污染监测计划是准确进行暴露评估的基础。

风险特征描述（risk characrization）是指根据危害鉴定、危害特征描述和暴露评估，对某一特定人群的已知或潜在健康不良效果的发生可能性和严重程度进行定性和（或）定量的估计，其中包括伴随的不确定性。具体为就暴露对人群产生健康不良效果的可能性进行估计，对于有阈值的化学物质，比较暴露量和 ADI 值（或者其他测量值），暴露量小于 ADI 值时，健康不良效果的可能性理论上为零；对于无阈值的物质，人群的风险是暴露和效力的综合结果。同时，风险特征描述需要说明风险评估过程中每一步所涉及的不确定性。将动物试验的结果外推到人可能产生不确定性。在实际工作中，这些不确定性可以通过专家判断等加以克服。

3. 风险评估的类别与作用

在化学危害物的风险评估中，主要确定人体摄入某种物质（食品添加剂、农兽药残留、环境污染物和天然毒素等）的潜在不良效果、产生这种不良效果的可能性，以及产生这种不良效果的确定性和不确定性。暴露评估的目的在于求得某种危害物对人体的暴露剂量、暴露频率、时间长短路径及范围，主要根据膳食调查和各种食品中化学物质暴露水平调查的数据进行。风险特征描述是就暴露对人群产生健康不良效果的可能性进行估计，是危害鉴定、危害特征描述和暴露评估的综合结果。生物危害物的风险评估，相对于化学危害物而言，目前尚缺乏足够的资料，以建立衡量食源性病原体风险的可能性和严重性的数学模型。而且，生物性危害物还会受到很多复杂因素的影响，包括食物从种植、加工、贮存到烹调的全过程，宿主的差异（敏感性抵抗力），病原菌的毒力差异，病原体的数量动态变化，文化和地域的差异等。因此，对生物病原体的风险评估以定性方式为主。定性的风险评估取决于特定的食物品种、病原菌的生态学知识、流行病学数据，以及专家对生产、加工、贮存、烹调等过程有关危害的判断。物理危害物的风险评估是指对食品或食品原料本身携带或加工过程中引入的硬质或尖锐异物被人食用后对人体造成危害的评估。食品中物理危害造成人体伤亡和发病的概率较化学和生物的危害低，一旦发生，则后果非常严重，必须通过手术方法才能将其清除。物理性危害物的确定比较简单，暴露的唯一途径是误食了混有物理危害物的食品，也不存在阈值。根据危害识别、危害特征描述以及暴露评估的结果给予高、中、低等级的定性估计。

（三）风险管理

1. 风险管理的概念

风险管理是根据风险评估的结果，同时考虑社会、经济等方面的有关因素，对各种管理措施的方案进行权衡，在需要时加以选择和实施。风险管理的首要目标是通过选择和实施适当的措施，有效地控制食品风险，保障公众健康。风险管理的具体措施包括制定最高限量，制定食品标签标准，实施公众教育计划，通过使用其他物质或者改善农业或生产规范，以减少某些化学物质的使用。

2. 风险管理的程序

风险管理可以分为四个部分：风险评价、风险管理选择评估、执行管理决定以及监控和审查。风险评价包括确认食品安全问题、描述风险概况，就风险评估和风险管理的优先性对危害进行排序、为进行风险评估制定风险评估政策、决定进行风险评估以及风险评估结果的审议。风险管理选择评估的程序包括确定现有的管理选项、选择最佳的管理选项（如安全标准），以及最终的管理决定。为了做出风险管理决定，风险评价过程的结果应当与现有风险管理选项的评价相结合。保护人体健康应当是首先考虑的因素，同时，可适当考虑其他因素（经济费用效益、技术可行性对风险的认知程度等），可以进行费用—效益分析。执行管理决定指的是有关主管部门，即食品安全风险管理者执行风险管理决策的过程。食品安全主管部门，即风险管理者，有责任满足消费者的期望，采取必要措施保证消费者能得到高水平的健康保护。监控和审查指的是对实施措施的有效性进行评估，以及在必要时对风险管理和（或）评估进行审查。执行管理决定之后，应当对控制措施的有效性以及对暴露消费者人群风险的影响进行监控，以确保食品安全目标的实现。重要的是，所有可能受到风险管理决定影响的有关团体都应当有机会参与风险管理的过程。这些团体包括但不应仅限于消费者组织、食品工业和贸易代表、教育和研究机构，以及管理机构。它们可以采用各种形式进行协商，包括参加公共会议、在公开文件中发表评论等。在风险管理政策制定过程的每个阶段，包括评价和审查中，都应当吸收有关团体参加。

3. 食品风险管理的原则

（1）遵循结构性方法

结构性方法的要素包括风险评价、风险管理选择评估、风险管理决策执行以及监控和回顾。在某些情况下，并不是所有这些方面都必须包括在风险管理活动当中。如标准制定由食品法典委员会负责，而标准及控制措施执行则由政府负责。

（2）以保护人类健康为主要目标

对风险的可接受水平主要根据对人体健康的考虑确定，同时应避免风险水平上随意性的和不合理的差别。在某些风险管理情况下，尤其是决定将采取措施时，应适当考虑其他因素（如经济费用、效益、技术可行性和社会习俗）。这些考虑不应是随意性的，应当清楚和明确。

（3）决策和执行应当透明

风险管理应当包含风险管理过程（包括决策）所有方面的鉴定和系统文件，从而保证决策和执行的理由对所有有关团体是透明的。

（4）风险评估政策的决定应作为风险管理的一个特殊的组成部分

风险评估政策是为价值判断和政策选择制定准则，这些准则将在风险评估的特定决定点上应用，因此，最好在风险评估之前，与风险评估人员共同制定。从某种意义上讲，决定风险评估政策往往是进行风险分析实际工作的第一步。

（5）风险评估过程应具有独立性

风险管理应当通过保持风险管理和风险评估二者功能的分离，确保风险评估过程的科学完整性，减少风险评估和风险管理之间的利益冲突。但是应当认识到，风险分析是一个反复循环的过程，风险管理人员和风险评估人员之间的相互作用在实际应用中是至关重要的。

（6）风险管理决策应考虑评估结果的不确定性

如有可能，风险的估计应包括将不确定性量化，并且以易于理解的形式提交风险管理人员，以便他们在决策时能充分考虑不确定性的范围。例如，如果风险的估计很不确定，风险管理决策将更加保守。

保持在所有有关团体之间进行持续的相互交流是风险管理过程的一个组成部分。风险交流不仅仅是信息的传播，而且是将对有效进行风险管理至关重要的信息和意见并入决策的过程。

风险管理应是一个考虑在风险管理决策的评价和审查中所有新产生资料的连续过程。为确定风险管理在实现食品安全目标方面的有效性，应对前期决定进行定期评价。

4. 风险管理的作用

风险管理的首要目标是通过选择和采取适当的措施，尽可能有效地控制食品安全风险，将风险控制到可接受的范围内，以保障公众健康。风险管理措施包括制定最高限量和食品标签标准，实施公众教育计划，通过使用其他物质或者改善农业或生产规范以减少某些化学物质的使用等。风险管理措施的实施不仅能保证消费者的食品卫生安全，将食源性危害降到最低程度，而且能维护食品生产企业的合法权益，对食品行业的健康发展起到巨大的推动作用。

（四）风险交流

1. 风险交流的概念

风险交流是在风险评估人员、风险管理人员、消费者和其他有关的团体之间就与风险有关的信息和意见进行相互交流。

2. 风险交流的对象及要素

风险交流的对象包括国际组织（FAO、WHO、WTO）、政府机构、企业、消费者和消费者组织、学术界和研究机构，以及大众传播媒介（媒体）。进行有效的风险交流的要素包括：风险的性质（危害的特征和重要性），风险的大小和严重程度，情况的紧迫性，风险的变化趋势，危害暴露的可能性，暴露的分布，能够构成显著风险的暴露量，风险人群的性质和规模，最高风险人群。此外，还包括利益的性质、风险评估的不确定性，以及风险管理的选择。其中一个特别重要的方面，就是将专家进行风险评估的结果及政府采取的有关管理措施告知公众或某些特定人群（如老人、儿童以及免疫缺陷症、过敏症、营养缺乏症患者），建议消费者可以采取自愿性和保护性措施等。

3. 风险交流的作用

开展有效的风险交流，需要相当的知识、技巧和成熟的计划。因此，开展风险交流还要求风险管理者做出宽泛性的计划，具备战略性的思路，投入必要的人力和物力资源，组织和培训专家，并落实和媒体交流或报告要事先执行的方案。能否开展有效的风险交流、什么时候开展有效的风险交流，取决于国家层面的管理结构、法律法规和传统习惯，以及风险管理者对风险分析原则的理解，特别是风险交流支撑计划的实施，可以概括为风险管理者的管理需求、管理授权以及技术支撑能力。通过风险交流所提供的一种综合考虑所有相关信息和数据的方法，为风险评估过程中应用某项决定及相应的政策措施提供指导，在风险管理者和风险评估者之间，以及他们与其他有关各方之间保持公开的交流，以增加决策的透明度，增强对各种结果的可能的接受能力。综上所述，风险分析是一个由风险评估、风险管理、风险交流组成的连续过程。风险管理中决策部门、消费者及有关企业的相互交流和参与形成了反复循环的总体框架，充分发挥了食品安全性管理的预防性作用。风险评估、风险管理和风险交流三部分相互依赖，并各有侧重。在风险评估中强调所引入的数据模型假设及情景设置的科学性，风险管理则注重所做出的风险管理决策的实用性，风险交流强调在风险分析全过程中的信息互动。

第三章　食品检测技术概述

第一节　食品检测技术的重要性

食品是人类赖以生存和发展的物质基础，食品安全关系到国计民生。1996年世界卫生组织对食品安全的定义：对食品按其原定用途进行制作、食用时不会使消费者健康受到损害的一种担保。基于国际社会的共识，食品安全的概念可以表述为：食品（食物）的种植、养殖、加工、包装、贮藏、运输、销售、消费等活动符合国家强制标准和要求，不存在可能损害或威胁人体健康的有毒有害物质。食品应当无毒、无害，符合应有的营养要求，对人体健康不造成任何急性、亚急性或者慢性危害。近年来，随着我国经济的持续快速发展，食品供应和消费也与日俱增，食品安全问题日益受到重视。食品安全是保障人们身心健康、提高食品在国内外市场上竞争力的需要，同时还是保护和恢复生态环境，实现可持续发展的需要。

人类社会的发展和科学技术的进步，正在使人类的食物生产与消费活动经历巨大的变化，一方面人类的饮食水平与健康水平普遍提高，反映了食品的安全性状况有较大的甚至质的改善；另一方面人类食物链环节增多和食物结构复杂化，增添了新的饮食安全风险和不确定因素。社会的发展提出了在达到温饱以后如何解决吃得好、吃得安全的要求，食品安全性问题正是在这种背景下被提出，而且它所涉及的内容与方面也越来越广，并因国家、地区和人群的不同而有不同的侧重。如今，食品安全的责任也不单是政府在立法和执法方面的责任，而是每位处于食物供应链上的人员的责任。由此看来，食品安全问题是个系统工程，需要全社会各方面积极参与才能得到全面解决。解决食品安全问题最好的方法就是尽早发现问题，将其消灭在萌芽状态。要达到这一目的，能在现场快速准确测定食品中有害物质含量的技术、方法和仪器就是必不可少的。

随着科学技术的发展，大量新技术、新原料和新产品被应用于农业和食品工业中，食品污染的因素也日趋复杂化，要保障食品安全就必须对食品及其原料在生产流通的每个环节都进行监督检测。首先，食品安全的提出不能离开“检测技术”而空谈，食品安全控制的重要手段就体现在检测技术上，缺乏必要的检测技术手段很难探明是哪种危害因素。同时，检测和监测的过程也是对目前食品安全标准的校验。我们通过检测、监测，可以检验当前的食品安全标准是否能最大限度地保证食品安全，是否适应食品安全市场管理需求，真正起到监管作用。随着科技和经济水平的发展，食品安全标准是需要不断做出修改的。如旧的标准中对啤酒中甲醛的含量并没有做出限定，而新标准对甲醛的含量就有明确的限定。其次，要关注食品安全的内在问题。食品安全问题多源于农药、兽药残留中毒和致病菌对人的侵害。应认识到农药、兽药残留的潜在危害性，农药、兽药残留可使人体产生耐药性；使用添加剂不当或对废弃物处理不当，会造成二噁英、多氯联苯等（被称为“持久性有机污染物”）污染原料（饲料）和食品，有致癌、破坏内分泌系统和破坏人体免疫能力的可能，应了解有毒有害元素的价态不同、毒性差异很大；应重视硝酸盐、高氧酸盐等污染物通过空气和水等进入食物链造成的危害，甚至警示烧烤、油炸食品中可含有较高的苯并芘及丙烯酰胺成分，可能致癌等。人们对食品安全的认识和对自身健康的关注是无止境的，所以对有毒有害残留物、污染物检测方法的要求也将日新月异。最后，食品安全的检测是要在十分复杂的动植物产品和加工产品的样品中，检测几种甚至几十种有毒有害残留物或污染物的组分，其含量又极低（微克级、纳克级），而且有一些污染物如呋喃有 135 种同分异构体，毒性差异很大，很难分离、萃取和分析。据统计，测试领域对仪器和方法的检出限平均每 5 年下降一个数量级。近几年来，国外对有关食品、安全标准进行了重大、快速修订，为了与世界接轨和应对挑战，我国也不断修订标准，对有害物限量标准、样品前处理、分析检测技术和仪器都提出越来越高的要求。

20世纪80年代末以来，一系列食品原料的化学污染、畜牧业中抗生素的应用、基因工程技术的应用，使食品污染导致的食源性疾病呈上升趋势。在发达国家，每年大约30%的人患食源性疾病，而食品安全问题已成为公共卫生领域的突出问题。一方面，食源性疾病频频暴发；另一方面，食品生产及加工工艺创新同时也带来了新的危害，由此引起的食品贸易纠纷不断发生。这些都是制约食品产业提升国际竞争力、影响食品出口的主要因素。食品安全检测技术及预警体系的建立，已成为当前各国加强食品安全保障体系的重要内容。要从根本上解决食品安全问题，就必须对食品的生产、加工、流通和销售等各环节实施全程管理和监控，就需要大量能够满足这些要求的快速、灵敏、准确、方便的食品安全分析检测技术。由此可见，将现代检测技术引入食品安全监测体系，积极开展食品有害残留的检测和控制研究，对保证食品安全、维护公共卫生安全、保护人民群众身体健康意义重大。

第二节　食品安全检测技术概况

一、食品安全危害因子

国际食品法典委员会（CAC，1997）将危害定义为会对食品产生潜在的健康危害的生物、化学或物理因素或状态。国际食品微生物规范委员会（ICMSF）在危害的定义里将安全性和质量都包括在内。食品中的危害从来源上可分为自源性和外源性两类。自源性危害是原料本身所固有的危害，如原料自身的腐败、天然毒素及其生长环境中受到污染等。外源性危害是指在加工过程中引入食品中的危害，包括从原料采购、运输、加工直至储存、销售过程中引入食品中的危害。主要的危害因子包括生物危害、物理危害和化学危害。

（一）生物危害

生物危害主要包括有害的细菌、真菌、病毒、寄生虫及由它们所产生的毒素（有的教科书将毒素归为化学危害）。食品中的生物危害既有可能来自原料，也有可能来自食品的加工过程。微生物种类繁多、分布广泛。食品中重要的微生物包括酵母、霉菌、细菌、病毒和原生动物。某些有害微生物在食品中存活时可以通过活菌的摄入引起人体感染或预先在食品中产生的毒素导致人类中毒。前者称为食品感染，后者称为食品中毒。由于微生物是活的生命体，需要营养、水、温度以及空气条件（需氧、厌氧或兼性），因此通过控制这些因素就能有效地抑制、杀灭致病菌，从而把微生物危害预防、消除或减少到可接受水平，符合规定的卫生标准，例如，控制温度和时间是常用且可行的预防措施，低温可抑制微生物生长，高温可以杀灭微生物。寄生虫是需要有寄主才能存活的生物，生活在寄主体表或其体内。世界上存在几千种寄生虫。只有约 20% 的寄生虫能在食物或水中发现，目前所知的通过食品感染人类的不到 100 种。通过食物或水感染人类的寄生虫有线虫、绦虫、吸虫和原生动物。多数寄生虫对人类无害但是可能让人感到不舒服，少数寄生虫对人类有严重危害。寄生虫感染通常与生的或未煮熟的食品有关，因为彻底加热食品可以杀死食品所带的寄生虫。在特定情况下冷冻可以被用来杀死食品中的寄生虫。然而消费者生吃含有感染性寄生虫的食品会造成危害。误食有毒动植物或将有毒动植物当作原料加工食品也是常见的食品生物危害。总之，生物危害是危及食品安全的第一杀手。

（二）物理危害

物理危害主要包括：食物中存在的可能使人致病或致伤的任何非正常的物理材料都称为食品的物理危害，通常是指食品生产过程中外来的物体或异物。物理危害是最常见的消费者投诉的问题，因为伤害立即发生或吃后不久发生，并且伤害的来源是容易确认的。食品中物理性质危害物种类多种多样，常见的物理危害有玻璃、金属、沙石、木桶、塑料、头发、饰物、昆虫残体和骨头等，尤其是金属，最为常见。物理危害的污染途径主要来自以下几个方面：①原料外来物质污染食品；②包装材料中的携带物质；③加工过程操作失误、污染或由员工带来的外来物质。物理危害预防的关键在于防止外来物质进入食品加工过程，主要应从以下几个方面加强控制：对植物原料着重于害虫的控制，防止夹杂物质进入原料；检查包装材料的处理和制造步骤，对玻璃包装物的检查尤其要引起注意；严格规章制度，强化员工培训，做好清洁卫生，加强加工过程的监督与管理和设备维护；除此之外，还可通过对产品采用金属探测装置或经常检查可能损坏的设备部分予以控制。

（三）化学危害

1. 重金属危害

食品中的重金属残留主要来源于被污染的环境，通过饲料添加剂进入动物体内或通过食品添加剂进入加工对象。重金属元素可以引发人的急性中毒，一旦进入人体，很难被彻底清除，会导致蓄积性的慢性中毒，造成人的神经、造血、免疫等多个系统的损伤和功能异常，引起中毒性脑炎、贫血、腹痛、内分泌紊乱等。

2. 农药、兽药残留

我国是农药生产和使用的大国，由于滥用和违规使用，有毒或剧毒农药的污染和残留已严重威胁到人类健康、破坏生态环境。农药通过大气和饮用水进入人体的量仅占 10%，通过食物进入人体占 90%。此外，兽用抗生素、激素和其他有害物质残留于禽、畜、水产品体内，这些都给食品安全和人体健康构成了很大的威胁。

3. 食品中添加剂的超范围、超剂量使用

为了有助于在加工、包装、运输、贮藏过程中保持食品的营养特性、感官特性，适当使用一些食品添加剂是必要的，但用量一定要严格控制在最低有效量的水平，否则会给食品带来毒性，影响食品的安全性，危害人体健康。一些不法商家为了使产品的外观和品质达到很好的效果，往往超范围、超剂量地使用食品添加剂，更有甚者将非食品加工用的化学物质添加到食品中。

4. 食品加工、贮藏和包装过程中产生的有害物质

食品加工过程中化学危害有由高温产生的多环芳烃、杂环胺等，这些都是毒性极强的致癌物。食品加工及贮藏过程中使用的机械管道及包装材料也有可能将毒性物质带入食品中，如单体苯乙烯可从聚苯乙烯塑料进入食品；用荧光增白剂处理的纸包装食品，纸上残留的有毒胺类物质易污染食品。即使使用无污染的食品原料，加工出来的食品也不一定都是安全的，因为很多动植物体内存在天然毒素。另外食品贮藏过程中产生的过氧化物、龙葵素和酮类物质等，也给食品带来了很多的安全性问题。

5. 持久性有机污染物（POPs）

它是指能够在各种环境介质（大气、水、生物体、土壤和沉淀物）中长期存

在，并能通过环境介质（特别是大气、水和生物体）远距离迁移以及通过食物链富集，进而对人类健康和生态环境产生严重危害的天然或人工合成的有机污染物。

二、主要检测技术

（一）仪器分析方法

色谱法是仪器分析的主要方法，广泛应用于物质的分离和检测，尤其以高效液相色谱（HPLC）技术的适用范围最广，目前已成为食品检测中的常用方法。检测时将样品注入色谱柱中，根据固定相与流动相之间的物理、化学作用实现对多种组分的分离。该方法常用于食品添加剂、农药残留和生物毒素的分析检测。20 世纪 80 年代后期，固相微型萃取柱的出现，引发了一场萃取技术性的革命。它具有高效、简便、快速、安全、重复性好、便于前处理及操作自动化的优点，可大大提升液相色谱技术的检测灵敏度。

（二）酶联免疫吸附技术（ELISA）

酶联免疫吸附技术（ELISA）采用抗原与抗体的特异反应将待测物与酶连接，然后通过酶与底物产生颜色反应，用于定量测定。在测定时，把受检标本（测定其中的抗体或抗原）和酶标抗原或抗体按不同的步骤与固相载体表面的抗原或抗体起反应。用洗涤的方法使固相载体上形成的抗原抗体复合物与其他物质分开，最后结合在固相载体上的酶量与标本中受检物质的量成一定的比例。加入酶反应的底物后，底物被酶催化变为有色产物，产物的量与标本中受检物质的量直接相关，故可根据颜色反应的深浅进行定性或定量分析。由于酶的催化频率很高，故可极大地放大反应效果，从而使测定方法达到很高的敏感度。在食品检测中，ELISA 作为一种重要的检测手段可用于食品农兽药残留、食品微生物、食品毒素以及转基因食品的检测。具体方法主要分为：竞争法、间接法测抗体、双抗夹心法、双位点一步法和捕获法测 IgM 抗体等。

（三）现代分子生物学方法

现代分子生物学方法主要分为核酸探针检测和基因芯片检测两种。

1. 核酸探针检测技术

核酸探针检测技术是目前分子生物学中应用最广泛的技术之一。该技术是以研究和诊断为目的，用来检测特定序列核酸的DNA或RNA片段。作为探针的核酸探针片段可以较短（20bp），也可以较长（5kb）。核酸探针具有特定的序列，能够与具有相应核酸碱基互补序列的核酸片段结合，因此可用于样品中特定基因片段的检测。而每一种病原体都有其独特的核酸片段，通过分离和标记这些片段即可制备出探针，用于食品安全检测研究。核酸探针检测的优势是具有特异性且灵敏度较高，且兼具组织化学染色的定位性和可视性。近年来，DNA杂交探针技术研究取得了重要进展，在实际应用过程中，核酸探针检测技术主要应用于致病病原菌的检测，可用于检测食品中的金黄色葡萄球菌、蜡样芽孢杆菌、沙门氏菌、大肠杆菌、李斯特氏菌等。但此法也有其局限性，如操作复杂、实验费用较高、同位素标记的核酸探针半衰期较短等。

2. 基因芯片检测技术

基因芯片属于生物芯片的一种，是物理学、微电子学、化学和生物学等高新技术的综合运用，其原理为将大量基因探针或片段按照特定的排列方式固定在载体（硅片、尼龙膜、玻璃、塑料等）上，形成致密而有序的DNA分子点阵。基因芯片技术作为一种新技术，具有高通量、快速、灵敏的优点，可以同时平行检测大量样本，因此其在食品安全检测中的应用越来越多，主要适用于食品中有害微生物和转基因成分的分析。

三、研究进展

（一）现代高新技术在食品安全检测中的发展应用

现代高新技术的迅猛发展，随之带来的是分析仪器的更新和分析技术的进步。其中，分析仪器的更新主要包含两个方面：一是硬件的更新，即仪器本身更新；二是软件的升级，即计算机技术在分析仪器中的应用。近年来，分析仪器在食品安全领域的发展趋势有以下特点：

（1）大量采用高新技术，不断改善仪器性能，不断涌现新技术和新方法。如在色谱分析样品前处理过程中采用固相微萃取技术，并辅助光纤流动池、芯片技术、纳米技术及液相色谱的激发光散色检测器用于多聚物检测，为食品安全领域中鉴别分析特殊复杂化合物提供更加快速、便捷、有效的检测手段。

（2）仪器的自动化、微型化和智能化发展。采用集成度高的计算机自动化技术，开发特殊智能软件技术提高仪器性能，使仪器趋于小型化，价格成本低廉化，如便携式气相色谱仪、芯片实验室装置、微型质谱仪等产品的涌现。

（3）对仪器检测的灵敏度要求越来越高。近年来随着超分子化学识别理论的普及，仪器分析方法的精准度已由经典意义拓展至手性水平。灵敏度的提高主要包括化学和物理两种途径。

（4）分析仪器中仿生技术的发展。20 世纪分析科学的发展可以概括为 50 年代仪器化、60 年代电子化、70 年代计算机化、80 年代智能化、90 年代信息化。21 世纪则为仿生技术进步智能发展阶段。其核心是信号传感及灵敏度的提升。化学传感器逐渐趋于小型化，具有仿生特征，如生物芯片、化学和物理芯片、嗅觉、味觉、鲜度和食品检测传感器等。目前生物传感器主要包括：组织传感器、酶传感器、免疫传感器、微生物传感器、场效应生物传感器等。其作用元件探头主要由两部分组成：一是由对被测定物质（底物）具有高选择性的分子识别能力的膜所构成的"感受器"；二是能把生物反应中消耗或生产的化学物质或产生的光和热转变为电信号的"换能器"，所得的信号经电子技术处理后可在仪器上显示和记录下来。

（5）多维硬件技术及多维软件数据采集处理技术的发展。仪器的维数是指仪器的各个系统都可配有不同组件，这些组件之间可以串联或并联，并联时可以任意选择。

（6）各种联用技术发展应用。如色谱类仪器具有较高分离能力，但无定性鉴别能力；而红外、质谱、核磁等具有极高的定性鉴别能力，但无分离能力；将二者联用，相辅相成，互为补充。色谱技术与质谱技术的联用发展迅猛，发展出了气相色谱红外 - 质谱（GC-IR-MS）、气相色谱 - 质谱 - 傅里叶变换红外光谱（GC-MS FTIR）、超临界流体色谱 - 核磁共振波谱（SFC-NMR）等。

（二）食品安全领域重要有害物质技术分析进展

1. 农药残留检测技术研究进展

在农药残留检测方面，我国在多残留检测和快速检测技术上取得了较大的进展，发展了新型提取技术，如微波萃取、固相萃取、超临界萃取、加速溶剂快速萃取等，这些新型萃取技术的出现提高了提取目标物的产率和检测灵敏度，消耗试剂少，操作简便。我国从20世纪90年代初开始研究和利用多残留分析方法，相继出台了一系列国家标准。如：GB/T17331—1998《食品中有机磷和氨基甲酸酯类农药多种残留的测定》、GB/T17322—1998《食品中有机氯和拟除虫菊酯类农药多种残留的测定》等，均可以同时测定不同类型农药中的20多种农药残留量。我国研制的食品安全监测车成功实现了食品安全现场执法从经验型向技术型的转变。监测车可开往超市、养殖场、田间、农贸市场等地点，随时到达随时监测，2小时可以监测8个农药残留测试样品，为我国食品的源头生产、流通、消费等方面的监控提供快捷可靠的技术手段。我国近年来还成功研制开发出具有知识产权的固体酶抑制技术、酶联免疫法、胶体金免疫法等农药残留快速检测试纸条、试剂盒及酶速测仪，研究建立了果蔬、果汁、粮谷、茶叶等农产品中农药多残留检测和验证方法。农业部门多个实验室在验证的基础上，经直接应用国外先进的农药多残留检测技术，建立了有机磷、氨基甲酸酯类等农药残留快速检测方法。

2. 兽药残留检测技术研究进展

在兽药残留检测技术方面，主要开展多残留仪器分析和验证方法的研究。农业部门已经建立了两个普药残留国家基准实验室，已经发展了几十种兽药在饲料和动物源性食品中残留的测定方法，完成了新型综合微量样品处理仪、超临界流体萃取在线富集离线净化装置、高效快速浓缩仪、便携式酶标仪的研制。针对出口需求，国家市场监督管理总局每年都投入大量资金，建立一些兽药残留检测方法。对于饲料中的“瘦肉精”，农业部门已经发展了成熟的检测方法。另外，根据表面等离子体谐振分析原理，在微流控芯片上成功实现了对兽药盐酸克伦特罗的小分子免疫传感技术检测。检测方法不需要标记物、试剂消耗量少、检测周期短、特异性强、稳定性好、灵敏度高。

3. 生物毒素检测技术研究进展

目前大多数真菌毒素的检测以色谱分析方法为主，生物毒素的分析检测早期主要通过动物实验、常规免疫方法及普通理化分析手段等进行。近年来，随着分析技术的不断发展，生物质谱、色谱 - 质谱联用和各类新型传感技术越来越多地应用于生物毒素的检测中，使生物毒素的定性与鉴别更加准确，分析的灵敏度和特异性也有很大提高。色谱质谱联用技术在定量检测的同时可对毒素进行准确的定性鉴别，成为科研和实验室检测的主流方法。免疫色谱法和荧光免疫法等技术将免疫检测的高特异性与光谱法的高灵敏度或色谱法的分离、富集作用有效整合在一起，可对小分子生物毒素进行快速、准确的鉴别，成为现场快速侦检和筛查的主要手段。运用免疫学测定法，在生物毒素检测技术方面，完成了真菌毒素、藻类污染毒素、贝类毒素 ELISA 试剂盒检测。常见食品中毒物质快速检测箱，通过单克隆抗体技术获得了一批生物毒素检测抗体，开发了一批藻类污染毒素的检测方法；在食品中重要人畜疾病病原体检测技术方面，实现了多种病毒实时定量 PCR 检测技术的突破，建立了从猪肉样品中分离伪狂犬病毒和口蹄疫病毒的方法和程序。在持久性有机污染物检测技术研究进展方面，由于持久性有机污染物在环境介质中的含量较少，前处理和检测存在一定的难度，但均取得了一定的进展。目前发展较快的持久性有机污染物前处理方法主要包括固相萃取（SPE）、固相微萃取（SPME）、超临界流体萃取（SFE）、微波萃取（MAE）等。至于持久性有机污染物和内分泌干扰物的检测和处理，虽有一定的难度，但也取得了一定的进展。

目前，主要检测方法有高效液相色谱质谱联用技术、气相色谱质谱联用技术等。在重要有机污染物的痕量与超痕量检测技术方面，完成了二噁英、氯丙醇和多氯联苯的痕量与超痕量检测技术研究；建立了国际公认的二噁英检测方法，通过了国际社会的分子质量保证考核，并获得了我国二噁英膳食暴露水平数据；建立了以稳定性同位素稀释技术同时测定食品中氯丙醇的方法；实现了食品中丙烯酰胺、有机锡、六氯苯、灭蚊灵等检测技术的突破。

4. 食品添加剂、饲料添加剂与违禁化学品检测技术研究进展

在食品添加剂、饲料添加剂与违禁化学品检验技术方面开展了纽甜、三氯蔗糖、防腐剂的快速检测及番茄红色素、辣椒红色素、甜菜红色素、红花色素、虾青素、白梨芦醇等检测研究，建立了阿力甜、姜黄素、保健食品中的红景天井、15 种脂肪酸测定方法，番茄红素和叶黄素、红曲发酵产物中迈克劳林开环结构与闭环结构的定量分析方法，食品（焦糖色素、酱油）中 4- 甲基咪唑含量的毛细管气相色谱分析方法，芬氟拉明、杂氟拉明、杂醇油快速检验方法，磷化物快

速检验方法。

5. 重金属检测技术研究进展

当前食品中重金属元素分析主要采用的分析方法以光谱为主，如原子吸收光谱法（AAS）、电感耦合等离子体原子发射光谱法（ICP）、原子荧光法（AFS）、电感耦合等离子体质谱联用法（ICP-MS）、流动注射 - 原子吸收（原子发射、原子荧光）法联用等。另外，高效液相色谱法（HPLC）在无机分析中的应用日益广泛，可使不同化学形态的金属元素、金属络合物更好地分离，测定结果准确，选择性较高。但是，与国际水平相比，我国目前的食品安全检测技术仍然比较落后，很多问题有待解决。发达国家的食品安全检测技术日益呈现出系列化、精准化、标准化和速测化等特征。快速检测方法灵敏度和特异性高，适用范围广，检测费用低。多残留的分析方法在发达国家已得到广泛应用。美国多残留分析方法可检测 360 多种农药，德国多残留分析方法可以检测 325 种农药。国外的农药环境监测机构在大气、土壤、水和污染源等方面的可检测项目有 680 个左右，对二噁英及其类似物，发达国家检测方法的灵敏度已达到超痕量水平。我国已制定的很多种农药、兽药及其他食品有害物残留标准中，很多没有配套相应的检测方法，在实际执行过程中存在一些问题。因此，我国在食品安全检测系列化、精准化、标准化和速测化等方面必须寻求突破。从定性和定量检测技术两方面出发，准确、可靠、快速、方便、经济、安全是食品安全检测的发展方向，尽可能使快速检测技术的灵敏度及准确度能达到标准残留限量要求，尽可能在较短的时间内检测大量的样本，且具有实际推广价值。样品前处理、光谱、色谱、免疫学、生物传感器、生物芯片等现代检测手段和技术依然是食品安全检测技术中的主要手段。

第三节　食品安全检测技术中的标准物质要求

一、食品安全检测标准

食品安全检测标准主要包括国际标准和各国自身指定的标准，根据各国的国情不同，标准体系的结构和具体内容也各有不同。国际上制定有关食品安全检测标准的组织有国际食品法典委员会（CAC）、国际标准化组织（ISO）、美国分析化学家协会（AOAC）、国际兽疫局（OIE）等。其中，由国际食品法典委员会（CAC）和美国分析化学家协会（AOAC）制定的标准具有较高的权威性。CAC有一些食品安全通用分析方法标准，包括污染物分析通用方法、农药残留分析的推荐方法、预包装食品取样方案、分析和取样推荐性方法、用化学物质降低食品源头污染的导向法、果汁和相关产品的分析和取样方法、涉及食品进出口管理检验的实验室能力评估、鱼和贝类的实验室感官评定、测定符合最高农药残留限量时的取样方法、分析方法中回复信息的应用（IUPAC参考方法）、食品添加剂纳入量的抽样评估导则、乳过氧化酶系保存鲜奶的导则等。通则性食品安全分析方法标准是建立专用分析方法标准及指导使用分析方法标准的基础和依据，建立这样的标准对于标准体系的简化和应用十分方便。ISO发布的标准很多，其中与食品安全有关的仅占一小部分，ISO发布的与食品安全有关的综合标准多数是由TC34/SC9发布的，主要是病原食品微生物的检验方法标准，包括食品和饲料微生物检验通则，用于微生物检验的食品和饲料试验样品的制备规则，实验室制备培养基质量保证通则，食品和饲料中大肠杆菌、沙门氏菌、金黄色葡萄球菌、荚膜梭菌、酵母和霉菌、弯曲杆菌、耶尔森氏菌、李斯特氏菌、假单胞菌、硫降解细菌、嗜温乳酸菌、嗜冷微生物等病原菌的计数和培养技术规程，病原微生物的聚合酶链反应的定性测定方法等。

由此可见，随着食品微生物学研究的深入及分子生物技术的发展，ISO制定的食品病原微生物的检验方法标准将不断更新。目前，我国已经初步建立起了一套食品安全检测技术标准体系，既有国家标准，也有行业标准和地方标准。这些标准主要规定了食品中某些特定物质的测量方法，这些特定物质包括食品中对人体有害的物质，如农药、兽药残留、致病微生物、微生物及真菌毒素、重金属等，也包括食品中的某些组成成分，如果汁含量、钙含量等。根据标准的效力，这些标准还可以分为强制性标准和推荐性标准两大类。在实际的检测中，由于受各种条件的限制，不可能对所有样品都采用规定的方法进行检测，考虑到检测机构实验条件的差异，许多标准给出了两种以上的检测方法。此外，不同部门制定的标准还存在着对于同一物质可能有不同检测方法的现象，因此，由于检测方法不同而造成的检测结果不同可能引起纠纷。为了解决这一问题，在遇到对检测结果存在争议的情况时，必须要以一个仲裁方法测定的结果为准。在实际工作中，通常都以国家标准规定的方法为仲裁方法。对于国家标准中规定了两种以上检测方法的，一般都会说明其中的某一种方法为仲裁方法，没有明确说明的，则以第一种方法为仲裁方法。我国虽制定了一系列食品安全检测方法标准，但某些标准技术水平比较落后，且缺乏系统性，为标准的应用和实施带来一定的障碍。我国食品安全检测技术标准体系与国外相比存在的不足主要表现在：标准体系中存在很多空白、标准体系得不到及时更新、标准体系比较混乱等。

综上所述，我国的食品安全检测技术标准体系虽已初步形成，但还并不完善，特别是与国外相比存在不小的差距。这些问题不仅为加强监督执法、保障我国食品质量安全造成了障碍，也使得我国生产的食品在国际贸易中容易受到别国贸易壁垒的影响，在激烈的国际市场竞争中处于被动地位。因此，加快弥补我国食品安全检测技术标准体系中存在的种种不足，进一步完善我国食品安全检测技术标准体系，对于加强我国食品标准化建设，保障食品质量安全，提高食品类产品的国际竞争力，具有十分深远的意义。

二、标准物质的范畴及溯源性

标准物质是《中华人民共和国计量法》中规定依法管理的计量标准，是具有准确量值的测量标准，它在化学测量、生物测量、工程测量和物理测量领域得到了广泛的应用。按照“国际通用计量学基本术语”和“国际标准化组织指南30”，标准物质定义如下：①标准物质（reference material，RM），指具有一种或多种足够均匀或很好确定的特性值，用以校准设备、评价测量方法或给材料赋值的材料或物质；②有证标准物质（certified reference materials，CRM），指附有证书的标准物质，其一种或多种特性值用建立了溯源性的程序确定，使之可溯源到准确复现的用于表示该特性值的计量单位，而且每个标准值都附有给定置信水平的不确定度；③基准标准物质（primary reference material，PRM），这是一个比较新的概念。国际计量委员会（CIPM）于 1993 年建立了物质量咨询委员会（CCQM），在 1995 年的物质量咨询委员会会议上提出了如下定义：基准方法（primary method of measurement，PMM）——具有最高计量品质的测量方法，它的操作可以完全地被描述和理解，其不确定度可以用SI单位表述，测量结果不依赖被测量的测量标准。

基准标准物质：一种具有最高计量品质、用基准方法确定量值的标准物质。标准物质具有以下特点：①标准物质的量值只与物质的性质有关，与物质的数量和形状无关；②标准物质种类多，仅化学成分量标准物质就数以千计，其量限范围跨越12个数量级；③标准物质实用性强，可在实际工作条件下应用，既可用于校准检定测量仪器，评价测量方法的准确度，也可用于测量过程的质量评价以及实验室的计量认证与测量仲裁等；④标准物质具有良好的复现性，可以批量制备且在用完之后复制。作为高度均匀、良好稳定和量值准确的测量标准，标准物质具有复现、保存和传递量值的基本作用，在物理、化学、生物与工程测量领域中，用于校准测量仪器和测量过程、评价测量方法的准确度和检测实验室的检测能力、确定材料或产品的特性量值、进行量值仲裁等。作为建立化学测量最有效的工具，标准物质可以保证检测结果的准确性和可溯源性。

标准物质按照《中华人民共和国：标准物质目录2010年》可分为一级标准物质和二级标准物质。一级标准物质1 686种，主要类别包括：钢铁成分分析标准物质、有色金属及金属中气体成分分析标准物质、建材成分分析标准物质、核材料成分分析与放射性测量标准物质、高分子材料特性测量标准物质、化工产品成分分析标准物质、地质矿产成分分析标准物质、环境化学分析标准物质、临床化学分析与药品成分分析标准物质、食品成分分析标准物质、煤炭石油成分分析和物理特性测量标准物质、工程技术特性测量标准物质、物理特性与物理化学特性测量标准物质。二级标准物质4 096种，主要类别包括：钢铁成分分析标准物质、有色金属及金属中气体成分分析标准物质、建材成分分析标准物质、核材料成分分析与放射性测量标准物质、高分子材料特性测量标准物质、化工产品成分分析标准物质、地质矿产成分分析标准物质、环境化学分析标准物质、临床化学分析与药品成分分析标准物质、食品成分分析标准物质、煤炭石油成分分析和物理特性测量标准物质、工程技术特性测量标准物质、物理特性与物理化学特性测量标准物质。国家一级、二级标准物质已在国内外各领域，如地质、环境、能源、材料、农业、食品、医药、医疗等方面得到广泛应用，为科研、生产、贸易和法律法规的贯彻及经济、技术和法律法规的决策提供了可靠保证，在保证不同国家、不同地区和不同时期测量结果的一致性和可比性、产品质量管理、资源开发利用、环境保护、消除贸易技术壁垒、人民健康等方面发挥了积极作用。在未来的发展中，为了更好地进行标准物质的应用发展，一方面可以适当引进国际标准物质，运用符合国际标准的标准物质进行分析研究；另一方面可以积极研发纳米标准物质，在分析测试中积极利用纳米标准物质进行分析。随着现代技术的不断发展，标准物质的要求不断提高，在分析测试中要注意标准物质的各项保障指标，实现标准物质的科学应用。

第四章　电子鼻和电子舌检测技术

第一节　电子鼻和电子舌技术概述

一、电子鼻技术

电子鼻技术也称人工嗅觉识别技术，是近年来迅速发展起来的一种模拟哺乳动物嗅觉系统用于分析、识别气味的新型检测手段。电子鼻是由气敏传感器阵列、信号处理系统和模式识别系统三大部分组成的。电子鼻在工作时，气味分子被气敏传感器吸附，产生信号，生成的信号被传送到信号处理系统进行处理和加工，最终由模式识别系统对信号处理的结果做出综合的判断。气敏传感器及其阵列是电子鼻的核心组成。目前电子鼻常用的传感器主要有以下几种：电导型气敏传感器、质量敏感型气敏传感器、金属氧化物半导体场效应管气敏传感器和光纤气敏传感器。这四类传感器在选择性、稳定性、一致性等方面存在一定的差异，对不同的检测对象，不同类型的传感器的响应特性不同。

（一）电导型气敏传感器

电导型气敏传感器，包括金属氧化物半导体电导型气敏传感器和有机聚合物膜电导型气敏传感器。金属氧化物电导型气敏传感器（MOS）由于制备简单、价格便宜、灵敏度高等，已成为电子鼻系统研制最常用的传感器。金属氧化物如 SnO_2、ZnO、FeO 和 WO 等属于 N 型半导体材料，其敏感膜表面存在大量空穴，在 300℃～500℃时，易被 H_2、CO、CH 和 H_2S 等还原性气体还原，敏感膜得到电子，使电导率发生改变。对于某种特定气体，电导率的变化量和气体浓度相关。为了降低金属氧化物气敏传感器的工作温度，增加灵敏度，制备过程中常在金属氧化物敏感材料中掺杂铂、金、钯等贵金属。

目前，MOS 传感器的制作工艺已经十分成熟，产品的商业化程度很高。有机聚合物膜电导型气敏传感器是通过掺杂等手段，使聚合物的电导率介于半导体和导体之间，再利用此种掺杂聚合物与气体分子作用时其电导率会发生变化的特征制成的。这类具有电化学特性的聚合物材料，在吸附气体后，会产生聚合物链的溶胀或发生某种化学反应，这将影响聚合物分子链的电子密度，进而导致气敏材料电导率的改变，其电导率的变化与被测物的种类及浓度有关，因此，可以用于检测气体的种类和浓度。有机聚合物膜电导型气敏传感器常用于大气环境中气体的检测，包括 NH_3、CO_2、SO_2、H_2S 等气体，同时也用于有机溶剂蒸气的检测，主要包括醇类（甲醇、乙醇、丙醇、丁醇）、芳香烃（苯、甲苯、乙苯和苯乙烯等）、卤代烃类（卤代甲烷）、丙酮。有机聚合物膜电导型气敏传感器在使用过程中有以下优点：具有高的灵敏度，其灵敏度优于金属氧化物传感器；不需要加热，在常温下即可工作；体积较小，有利于制作便携式电子鼻；不会对硫化物中毒。但同时也存在很多问题，比如制作工艺比较复杂；聚合物的电导率受制备工艺的影响很大；在与检测气体作用时存在漂移现象；对湿度比较敏感；此外，由于对极性强的气体较敏感，对极性弱的气体敏感性弱，其检测范围有一定的局限性。有机聚合物膜电导型气敏传感器的响应机制比较复杂，一定程度上制约了它的应用推广，可通过掺杂等研究对其缺点进行弥补。

（二）质量敏感型气敏传感器质量

敏感型气敏传感器是由交变电场作用在压电材料上而产生声波信号，通过测量声波参数（振幅、频率、波速等）的变化从而得到被分析检测物的信息，包括石英晶体微天平气敏传感器（体声波）和表面声波气敏传感器。体声波器件因声波从石英晶体或其他压电材料的一面传递到另一面，在晶体内部传播而命名；而声表面波器件是在固体的自由表面或者两种介质的界面上传播。传递过程中，基片或基片上所覆盖的特殊材料薄膜与被分析的物质相互作用时，声波的参数将发生变化，通过测量频率或者波速等参数的变化量可得到被分析物的质量或浓度等相关信息。表面声波气敏传感器主要适用于有机气体的检测，其优点是成本较低，工作频率较高，可产生更大频率的变化，灵敏度高，反应速度快，检测气体的范围比较广泛，功耗低等。但是相对于石英晶体微天平气敏传感器而言，表面声波

气敏传感器的信噪比小，且对电路的要求更加复杂，其重复性也难以保证。

（三）金属氧化物半导体场效应管气敏传感器

金属氧化物半导体场效应管气敏传感器是基于敏感膜与气体相互作用时漏源电流发生变化的机理制成的，当电流发生变化时，传感器性能发生变化，通过分析器件性能的变化即可对不同的气体进行检测分析。此类传感器在制备时需要在栅极上涂敷一层敏感薄膜，覆盖不同的敏感薄膜，就构成不同选择性的金属氧化物半导体场效应管气敏传感器，能对 CHO、CO_2、NO 以及有机气体等进行定量检测。调整催化剂种类和涂膜厚度，改变传感器的工作温度，使传感器的灵敏度和选择性达到最优。其主要优点是可批量生产、质量稳定、价格较低等；但芯片不易封装与集成，存在基准漂移，且种类单调，在电子鼻上的应用广泛性不及其他传感器等缺点。

（四）光纤气敏传感器

与传统气敏传感器测量电压、电阻、电势或频率等电信号的原理不同，光纤气敏传感器由光学特性表征，可在特定的频率范围内检测目标气体吸光度的变化，专一性较强，如对 CO 气体有很强的敏感性和选择性，但对于其他低浓度气体几乎不敏感。此外，光学气敏传感器的检测方法还可以用颜色作为指示信息，比如金属卟啉类物质作为指示剂，当与目标气体相互作用时，用 LED 等检测目标气体的吸光度。光纤气敏传感器具有较强的抗噪能力、极高的灵敏度；具有较强的适用性，可适应各种不同的光源、各式的光纤以及检测器等；但其控制系统较复杂，成本较高，荧光染料受白光化作用影响，使用寿命有限。电子鼻信号的提取主要涉及三部分，分别为数据预处理、数据降维和模式识别。在数据预处理时，信号特征值在选取时通常采用响应稳态值、均值、最大值、最小值、响应曲线最大曲率、响应曲线的全段积分值以及出现特殊值时刻的响应值等作为特征值；数据降维时，主成分分析、逐步判别分析、遗传算法等在降维时效果较佳，主成分分析、判别分析、最小二乘回归法、因子分析、神经网络等模式识别方法在数据分析时可有效获得更多的信息。

电子鼻作为一种新兴仿生技术，在农副产品与食品检测中逐渐得到重视，其研究在酒茶类、饮料、粮油、肉乳制品和果蔬类等方面都有许多报道，表明电子鼻在食品与农副产品检测上有很好的应用前景。随着材料、传感器、信息等新技术的不断涌现，电子鼻技术也得到了新的发展，新型传感器技术的涌现和响应特性的研究，为新型电子鼻系统的研究与应用提供了重要的基础条件和检测机理依据；电子鼻与其他分析仪器的融合应用技术实现了更加全方位、多角度的食品与农副产品检测；电子鼻技术与现代无线通信技术的结合应用，克服了传统电子鼻无法应用于现场及移动环境的不足，拓展了电子鼻的应用领域。

二、电子舌技术

电子舌技术，也称味觉传感器（taste sensors）技术或人工味觉识别（artificial taste recognition）技术，是基于生物味觉模式建立起来的一种分析、识别液体“味道”的新型检测手段。电子舌味觉检测可以测试不挥发或低挥发性分子（和味道相关的）以及可溶性有机化合物（和液体的风味相关），近年来迅速发展，在饮料业、制药业、农业、环境检测和医学检测等行业广泛应用。电子舌主要由自动进样系统、传感器阵列（sensor arrays）和模式识别系统组成。其中，自动进样器是一个非必需的组成部分，但是在自动进样器的辅助下，仪器自动完成样品的分析可以减轻劳动强度。应用在电子舌中的传感器主要包括电化学传感器、光学传感器、质量传感器和酶传感器（生物传感器）等。电化学传感器又可分为电势型、伏安型和阻抗型。最常用的信号处理方法主要是人工神经网络和统计模式识别，如主成分分析、判别分析、最小二乘回归、因子分析等。在生物味觉体系中，舌头味蕾细胞的生物膜非特异性地结合食物中的味觉物质，产生的生物信号转化为电信号并通过神经传输至大脑，经分析后获得味觉信息。在电子舌体系中，传感器阵列对液体试样做出响应并输出信号，响应信号经计算机系统进行数据处理和模式识别后，得到反映样品味觉特征的结果。该技术与普通的化学分析方法相比，其不同之处在于传感器输出的并非样品成分的分析结果，而是一种与试样某些特性相关的信号模式（signal patterns），这些信号通过具有模式识别能力的计算机分析后，能得出对样品味觉特征的总体评价。

第二节　电子鼻和电子舌应用的分析方法

在食品分析的识别方式中，运用电子鼻和电子舌进行数据分析时，主成分分析和判别分析是常用的定性分析方法，支持向量机 SVM、多元线性回归分析、主成分回归分析、偏最小二乘回归分析、BP 神经网络等定量分析方法常用来建立电子鼻和电子舌与其他指标之间的回归模型。

一、定性分析方法

（一）主成分分析

在选择电子鼻和电子舌传感器时，为了保持电子鼻和电子舌获取信号的全面性，常选择具有交互敏感的传感器，这些传感器响应信号从不同的侧面反映研究对象的特征，但是在某种程度上存在信息的重叠，具有一定的相关性。在多指标（变量）的研究中，往往由于变量个数太多，且彼此之间存在一定的相关性，因此所观测的数据在一定程度上有信息的重叠。当变量较多时，在高维空间中研究样本的分布规律较为麻烦。主成分分析（principal component analysis，PCA）在力求数据信息丢失最少的原则下，对高维的变量空间降维，即研究指标体系的少数几个线性组合，并且这几个线性组合所构成的综合指标将尽可能多地保留原来指标变异方面的信息。通过主成分分析将电子鼻和电子舌传感器响应的高维信息降低到一个较易辨识的低维空间，根据其主成分的得分由图形直观地获得各样品的信息。主成分分析在电子鼻和电子舌信号分析中的应用较为普遍。主成分分析的主要步骤如下：第一步，根据研究的问题选择合适的指标和数据，并由 X 的协方差阵 $\sum X$，求出其特征根；第二步，求出分别所对应的特征向量；第三步，计算累积贡献率，给出恰当的主成分个数；第四步，计算所选出的 k 个主成分的得分。当累积贡献率 ≥ 80% 时，主成分的个数就能够较好地反映原始数据的信息。常见的主成分个数为 2 ～ 3 个。

（二）判别分析

判别分析（discriminant analysis，DA）是一种应用性很强的多元统计方法，已经在各个领域内用于判别样品所属类型。在判别时，先根据先验知识给出判别函数，并制定判别规则，然后再依次判别每一个未知样品应该属于哪一组。常用的判别方法主要有贝叶斯判别、费歇尔判别、逐步判别等。贝叶斯判别的思想是根据先验概率求出后验概率，并依据后验概率分布做出统计推断。所谓先验概率，就是用概率来描述人们事先对所研究的对象的认识程度；所谓后验概率，就是根据具体资料、先验概率、特定的判别规则所计算出来的概率，它是对先验概率修正后的结果。需要考虑先验概率和误判代价是贝叶斯判别不同于其他判别法的关键之处。费歇尔判别的思想是投影，使多维问题简化为一维问题来处理。选择一个适当的投影轴，使所有的样品点都投影到这个轴上得到一个投影值。对这个投影轴的方向的要求是：使每一类内的投影值所形成的类内离差尽可能小，而不同类间的投影值所形成的类间离差尽可能大。费歇尔判别的基本思想实质就是降维，用少数几个判别式（综合变量）代替原始变量。判别规则就是根据这几个判别式来制定的。逐步判别是一种为解决多变量对判别结果产生干扰、合理选择变量而进行的一种判别分析方法。逐步引入变量，每引入一个“最重要”的变量进入判别式，同时也考虑较早引入判别式的某些变量，如果其判别能力随新引入变量而变为不显著的，应及时从判别式中把它剔除，直到判别式中没有不重要的变量需要剔除，而剩下的变量也没有重要的变量可引入判别式时，逐步筛选结束，并以优选的变量进行判别。使变量降维的判别分析在医学、食品分析与检测、农业、烟草等领域得到广泛应用。

（三）聚类分析

聚类分析指将物理或抽象对象的集合分组为由类似的对象组成的多个类的分析过程，其目标是在相似的基础上收集数据来分类。

二、定量分析方法

（一）支持向量机 SVM

支持向量机 SVM 是一种基于统计学习理论的机器学习算法，同人工神经网络类似，支持向量机也可看作一种学习机器，通过对训练样本的学习，掌握样本的特征，对未知样本进行预测。最小二乘支持向量机（least square support vector machines，LS-SVM）是经典 SVM 的一种改进，以求解一组线性方程代替经典 SVM 中较复杂的二次优化问题，降低了计算复杂度。Alessandra 等进行在奶粉掺

杂物的定量分析时，将 LS-SVM 与近红外光谱结合建立的预测模型的精度优于偏最小二乘回归法。杨宁的研究表明 LS-SVM 总体上明显优于 BP 神经网络。

（二）多元线性回归分析

多元线性回归分析（multiple linear regression，MLR）的基本原理与一元线性回归分析是相同的，只是计算要求复杂得多，其数学原理涉及线性代数，但随着电子计算机的逐步普及以及与之相应的软件的日益开发，该统计分析方法已被逐渐推广。多元线性回归的数学模型如下：设因变量为 y，它受到 m 个自变量 x_1，x_2，…，x_{m-1}，x_m 和随机因素 ε 的影响。多元线性回归数学模型为

$$y=\beta_0+\beta_1x_1+\beta_2x_2+\cdots+\beta_{m-1}x_{m-1}+\beta_{m}x+e$$

$$e\sim N(0,\ \sigma^2)$$

（三）主成分回归分析

主成分回归分析（principal component regression analysis，PCR）是在主成分分析的基础上，利用各主成分的互不相关性，以主成分作为新的自变量进行回归的方法。主成分回归分析可以消除多重共线性的问题。

（四）偏最小二乘回归分析

在克服变量多重相关性对系统回归建模干扰的努力中，1983 年，瑞典伍德（S. Wold）、阿巴诺（C. Albano）等人提出了偏最小二乘回归分析（partial least square regression，PLSR）方法，在处理样本容量小、解释变量个数多、变量间存在严重多重相关性问题方面具有独特的优势，并且可以同时实现回归建模、数据结构简化以及两组变量间的相关分析。

在本实验中，PLSR 通过把独立的浓度矩阵进行组合来优化反应数据矩阵和预测值之间的相关性。首先，采用已知样本（用于建立模型的样本要在期望的浓度范围内具有代表性）建立校正曲线模型，得到的相关系数表明模型的好坏程度，之后用来预测未知样本的量化信息。

（五）BP 神经网络

BP（back propagation）网络是 1986 年由以 Rumelhart 和 MCClelland 为首的科学家小组提出的，是一种按误差逆传播算法训练的多层前馈网络，是目前应用最广泛的神经网络模型之一。BP 网络能学习和存储大量的输入—输出模式映射

关系，而无须事前揭示描述这种映射关系的数学方程。它的学习规则是使用最速下降法，通过反向传播来不断调整网络的权值和阈值，使网络的误差平方和最小。BP 神经网络模型拓扑结构包括输入层（input layer）、隐含层（hide layer）和输出层（output layer）。BP 算法是在电子鼻领域应用最多的一种算法。该算法功能强大，易于理解，训练简单。BP 算法不仅有输入节点、输出节点，还可有 1 个或多个隐含层节点。对于输入信号，要先向前传播到隐含层节点，经作用函数后，再把隐含层节点的输出信号传播到输出节点，最后输出结果。节点的作用激励函数通常选取 S 型函数。

三、数据联用方法

模仿哺乳动物嗅觉的电子鼻反映气味信息，模仿味觉的电子舌反映滋味信息，从不同角度对食品品质进行快速评定。近年来电子鼻、电子舌技术由于其检测快速、操作简单、重现性好等优点，广泛地被应用于很多领域，尤其是食品行业中。一般情况下，单独采用电子鼻或电子舌就能实现对样品的区分、鉴别和分类。但是，由于各种各样的食品同时具有味觉和嗅觉的特征，需要综合气味、滋味、色泽、组织状态等信息做出全面衡量，仅采用电子鼻从气味或电子舌从滋味的单一角度进行评价时往往难以获得令人满意的结果。在此情况下，电子鼻和电子舌数据的联用，即气味和滋味信息的融合受到广泛关注。目前，电子鼻和电子舌的融合数据分析已经在产品产地判别、新鲜度监测、品质区分和品种判别等方面得到应用。在电子鼻和电子舌数据联用时，数据的联用方法主要有直接合并、特征值提取后联用和综合分析的方法。其中直接合并是指在建模前将不同仪器获得的信号直接合并的方法，联用后根据数据决定是否进行预处理，如标准化、特征值提取等预处理减少冗余信息。获得的新数据集中的参数个数是所有单个仪器获得参数的综合，属于数据的初级融合。特征值提取后联用则是分别对不同仪器响应信号进行特征值提取（方差分析、主成分分析、逐步判别分析、贝叶斯判别分析等），剔除冗余信息，消除由于传感器的交叉敏感性带来的数据多元共线性问题，降低数据维度，提取有效区分的参数联用后进行建模，属于中等级别的数据融合。综合分析则是指分别对单个仪器的结果进行建模（如主成分分析），形成具有判别效果的综合参数，再提取综合参数重新进行分析，此为高等级别的数据融合。

评价电子鼻、电子舌及其联用信号的联用效果时，主成分分析（principal component analysis, PCA）、线性判别分析（linear discriminant analysis, LDA）、偏最小二乘判别分析（partial least squares discriminant analysis, PLSDA）、支持向量机（support vector machine，SVM），以及人工神经网络（artificial neural network，ANN）如RBF神经网络、KNN神经网络、模糊自适应共振理论网络等均被引用。

（一）直接联用

1. 电子鼻和电子舌信号直接合并

通常情况下，在建模前直接将电子鼻和电子舌信号串联作为输入进行分析，就可以获得电子鼻检测的挥发性气味信息和电子舌检测的水溶性呈味信息的综合信息，一般都能获得优于单独使用电子鼻、电子舌进行判别的结果。Winquist等采用电子鼻和电子舌分析了三种果汁（橘子汁、苹果汁和菠萝汁）。结果表明，电子舌的主成分分析结果中菠萝汁与橘子汁有部分重叠；电子鼻的主成分分析结果中菠萝汁和苹果汁之间相互重叠；采用电子鼻和电子舌的联用数据进行主成分分析时，辨识率得到明显提高。以品茶师评分为基础，Runu等采用电子鼻和电子舌检测了不同等级的红茶，分别以电子鼻、电子舌、电子鼻和电子舌联用信号进行主成分分析和线性判别分析，联用信号分析时数据点的聚集性和区分度均高于单独采用电子鼻或电子舌，且神经网络的分类正确率也得到提高（联用：93%；电子舌：85%～86%；电子鼻；83%～84%）。Gil搭建了用以监测佐餐酒开瓶后腐败过程的电子鼻和电子舌系统。在开瓶贮藏过程初期，三种佐餐酒的总酸值上升缓慢，28天上升速度增大，尤其是第48天时速度更快。主成分分析结果表明电子舌基本能将不同腐败程度的佐餐酒区分开，但是难以有效跟踪酒中酸度变化的过程；主成分分析结果表明电子鼻能够跟踪酒中酸度增大的过程；电子鼻和电子舌联用信号不仅能跟踪佐餐酒腐败过程中酸度的变化规律，还能监测到酸度变化不显著时佐餐酒逐渐腐败的变化。Huo等在对三种不同来源和等级的绿茶（龙井、碧螺春和竹叶青）的电子鼻和电子舌检测中发现，电子鼻和电子舌的联用信号在主成分分析改善数据维度时优于单独使用电子鼻或电子舌，且其主成分分析判别结果和聚类分析结果都能将不同来源、不同等级的绿茶有效区分。

2. 分别标准化后直接联用 / 合并后

进行标准化将不同仪器检测结果联合进行分析时，由不同仪器获得的检测参数的量纲和数量级不同，对分析结果会产生影响。因此，为消除仪器各指标间的量纲差异和数量级间的差异，常在电子鼻和电子舌信号联用前 / 后进行标准化处理。Apetrei 等采用电子鼻、电子舌和电子眼鉴别了不同苦度的橄榄油，发现将三组结果分别进行标准化后联用对不同来源样品的区分和识别效果优于三种仪器单独检测的结果。Cole 等分别采用自制电子鼻和电子舌研究了氯化钠溶液、蔗糖溶液、奎宁溶液、乙醇溶液和乙酸乙酯溶液。对电子舌信号进行主成分分析时，乙酸乙酯样品数据点与参比去离子水在投影时有部分重叠；而电子鼻在区分低挥发性溶液时存在一定的难度；对电子鼻、电子舌数据标准化后进行主成分分析结果表明，联用数据能够将味觉导向性和嗅觉导向性的样品很好地识别。Haddi 等以不同品牌、不同种类果蔬汁为样品进行了电子鼻和电子舌检测，以期实现对不同果汁种类、品牌、果汁含量的快速判别，分别以电子鼻、电子舌和电子鼻与电子舌联用信号为输入进行主成分分析，发现电子鼻和电子舌在单独使用时均难以实现对每一种果汁的识别；联用信号对不同种类果汁的判别效果得到显著提高，虽然仍有两种果汁相互重叠。Laureati 等采用感官评定、电子鼻和电子舌研究了不同品种紫苏之间的差异，对三种信号直接联用的数据进行标准化后进行主成分分析，发现联用数据很好地评价了不同品种紫苏的差异。Hong 等又比较了电子鼻、电子舌、标准化后联用信号及联用信号经特征提取后（主成分分析提取有效主成分、F 因子筛选、逐步筛选）对小番茄汁中掺入过熟番茄比例的主成分分析判别结果，发现这几种信号均能将掺假小番茄汁有效区分，联用信号的分类效果优于单独使用电子鼻或电子舌进行判别。

3. 合并后进行特征值的提取

电子鼻和电子舌信号均包含了丰富的信息，将两者直接联用时常常会使数据的维度过大，甚至会有部分冗余信息，这会对联用信号的判别结果造成不良影响。因此，对电子鼻和电子舌联用信号进行特征提取，有效降维的同时剔除了冗余信息，能有效提高判别结果的准确度。Haddi 等对 5 种不同产地的橄榄油的电子感官检测中，以 PCA 分类结果进行判别时，电子鼻和电子舌对不同产地的橄榄油的识别效果不如两者的联用信号；经 ANOVA 特征值提取后，联用信号的区分度进一步提高。Hong 等比较了采用掺假小番茄汁的电子鼻和电子舌直接联用信号，并对联用信号进行 ANOVA，逐步判别分析提取特征值，对提取后的数据集进行主成分分析，结果发现经 ANOVA 特征值提取后，联用信号在鉴别小番茄汁是否掺假时最有效。

（二）分别提取特征值后进行联用

在有的情况下，传感器响应信号的维度较大，在联用前需要分别提取特征值。Sundic 等对 7 种不同产地的土豆泥进行了电子舌和电子鼻检测，分别提取特征值后组成新的数据集。三种不同的特征值提取方法（Fisher's 权重、顺序先前选择算法、反向消元法）提取的参数进行主成分分析的结果均优于采用原始数据进行分析的结果。Banerjee 等在对红茶的电子鼻和电子舌检测中，提取电子鼻传感器响应的峰值、经离散小波变换的电子舌传感器信号组成新的数据集建立贝叶斯分类器，发现电子鼻、电子舌及其联用数据的错判率分别为 30.909 1%、16.984 1% 和 8.181 8%，联用数据的判别效果优于单独使用电子鼻或电子舌。Men 等在对中国白酒的电子鼻和电子舌检测中，提取电子鼻传感器响应的最大值和电子舌传感器在 1.3V、1V、0.7V、0.4V、0.1V、−0.2V 和 −0.5V 时的电流值作为特征值及其联用数据进行主成分分析，结果发现电子舌完全无法区分不同白酒样品；电子鼻基本能将不同白酒区分开；联用信号的判别结果优于电子舌。分别以电子鼻和电子舌联用信号、提取电子鼻和电子舌联用信号的有效主成分建立贝叶斯分类器，发现经主成分分析提取有效主成分后，贝叶斯分类器错判的概率和样品的误判率均明显降低。

（三）分别建模后重组有效信息

在选择电子鼻和电子舌传感器时，为了保持电子鼻和电子舌获取信号的全面性，常选择具有交互敏感的传感器，使其响应值具有一定的相关性。在电子鼻和电子舌信号联用时，需要对信号进行处理，以消除共线性问题。而主成分分析则是在力求数据信息丢失最少的原则下，对高维的变量空间降维，即研究指标体系的少数几个线性组合，并且这几个线性组合所构成的综合指标将尽可能多地保留原来指标变异方面的信息。通过主成分分析将电子鼻和电子舌联用信号的高维信息降低到一个较易辨识的低维空间，根据其主成分的得分由图形直观地获得各样品的信息，主成分分析在电子鼻、电子舌及其联用信号分析中的应用较为普遍。在处理电子鼻和电子舌联用信号的研究中，提取主成分的方法适用于电子鼻或电子舌，主成分分析难以有效区分不同的样品，但其中有一个主成分按照样品特征呈规律性分布,将之分别提取出来重新组合后,绘制两维图,实现样品的有效判别。Rodriguez Mendez 等采用气敏传感器、液体传感器和光学传感器监测了 6 种由同品种、不同产地和老化程度的葡萄酿造的红酒，分别对三种仪器的检测结果进行 PCA 分析，发现其第一主成分均具有较好的区分效果，提取第一主成分并两两组合绘制两维散点图，其区分效果优于单独采用一种信息进行分析。Dinatale 等在对不同新鲜度（室温下敞口放置 0 天和 1 天的牛奶）、不同热处理方法 [巴氏杀菌（pasteurization）和超高温灭菌（ultra high temperature，UHT）] 的牛奶的电子鼻、电子舌及其联用信号进行分析时发现，直接联用数据的判别效果不如单独使用电子鼻、电子舌进行判别。电子鼻的主成分分析结果中，第一主成分在不同新鲜度的牛奶区分上具有贡献；电子舌的主成分分析结果中，第二主成分具有区分不同热处理方法的能力。分别提取电子鼻主成分分析结果中具有区分度的第一主成分和电子舌主成分分析结果中具有区分度的第二主成分，绘制两维散点图，发现联用分析能将不同新鲜度、不同热处理方法的牛奶正确区分。主成分分析在不丢失主要信息的前提下，以较少的新变量代替原始变量，直观反映原始数据信息，解决了信息重叠的问题；判别分析则是在已知样品分组的基础上，研究不同总体的性质和特征，根据已知总体的多种观测指标建立判别函数，并以此作为样本划归某一总体的依据，实现种类的判别；支持向量机对小样本具有较强的适应性；神经网络对学习样品典型性的要求使其应用受到一定的影响。因此，主成分分析成为判别电子鼻和电子舌信号联用效果最常用的方法。

第三节　电子舌和电子鼻在食品分析中的应用

一、电子鼻技术在肉与肉制品中的应用

肉类提供了人类所需的蛋白质、氨基酸、脂肪等营养物质，是人们膳食中的重要组成部分，但是易受微生物的污染，导致腐败变质，同时产生有毒有害物质。传统肉与肉制品的检测方法，如感官评定、气相色谱、液相色谱、气质联用等技术均存在耗时长、样品预处理繁杂、需要特殊训练的人员等问题。电子鼻作为一种分析、识别和检测复杂嗅味和挥发性成分的仪器随即发展起来。近年来，电子鼻技术由于其检测快速、操作简单、重现性好等优点，使其广泛应用于很多领域，尤其是食品行业中。作为一种有效的肉品检测工具，电子鼻通过分析肉类食品中的挥发性物质，进而达到检测的目的。在肉类工业中，电子鼻系统可以用于肉品新鲜度检测、肉制品品质的判定和肉品掺假检测等方面。

（一）电子鼻在肉与肉制品新鲜度评定中的应用

在贮存的过程中，由于微生物和酶的作用，肉中的蛋白质、脂肪和糖类发生分解而腐败变质。随着贮藏时间的延长，肉的新鲜度逐渐下降，其挥发性成分将发生明显变化，气味也会发生显著变化，传统检测采用挥发性盐基氮或感官检测等方法确定肉的新鲜度，但是耗时耗力。电子鼻系统可以快速、准确评定肉品的新鲜度，从而保证肉品的质量。

1. 原料肉新鲜度的评定

基于对牛肉气味敏感的气敏传感器阵列，石志标等建立了牛肉检测电子鼻系统，应用该电子鼻系统对不同新鲜度（贮存 7 天）的牛肉进行了识别实验，识别率达 99.25%，表明使用电子鼻检测牛肉新鲜度是可行的。孙钟雷根据猪肉的气味特征建立了一套用于猪肉新鲜度识别的电子鼻系统，并采用该系统检测了不同新鲜度的猪肉样品，通过特征值优选、种群规模确定及样本数确定后，依据猪肉的新鲜度模式，确定了遗传优化的组合 RBF 神经网络作为模式识别方法，该系统对猪肉新鲜度的识别率达 95%。顾赛麒等采用电子鼻研究冷却猪肉在不同贮藏温度（−18℃、0℃、4℃、10℃、20℃）条件下新鲜度的变化规律，发现贮藏不同时间的肉样挥发性气味差异显著，且贮藏温度越高，肉样新鲜度发生显著下

降的时刻越早。采用PLS法发现电子鼻检测数据与感官评分之间具有较强的相关性，电子鼻在一定程度上可以替代感官评定。柴春祥等采用电子鼻技术对保存温度和时间对猪肉挥发性成分的影响进行了研究，以电子鼻输出信号与采集时间的斜率为特征值，该特征值随猪肉样品保存温度的升高而增加，也随保存时间的延长而增加。常志勇基于人类鼻子的结构和嗅觉原理，设计了嗅觉仿生单元，建立了检测鸡肉新鲜度的仿生电子鼻系统。在网络训练采用10折交叉验证训练方案的基础上，系统验证出鸡肉腐败阈值，可用于对不同新鲜度的鸡肉进行分类。Musatov等采用基于金属氧化物半导体传感器（MOS）的KAMINA电子鼻和线性判别分析（linear discriminant analysis，LDA）模式识别方法，评估了肉的新鲜度，结果发现由同一厂家提供的肉样，采用一到两个标准样品就可达到100%的正确识别；分别在4℃和25℃贮存的两种肉样仅能在变质的前期相互识别；要用电子鼻建立可靠的LDA识别模式，必须有3～4个训练周期。Zhang等研究了几个气敏传感器在检测牛肉新鲜度中的可行性，发现其中5个传感器可以用于牛肉新鲜度的检测，并采用这5个传感器建立了牛肉新鲜度检测的电子鼻检测系统。Panigrahi等用含有9个MOS的电子鼻研究了贮存在4℃和10℃的牛腰条肉，采用线性判别分析（LDA）和二次判别分析（QDA）来建立模型，采用L00-CV和Bootstrapping法对所建模型进行验证；对10℃贮存样品，LDA分析法的最高分类准确率分别为83.8%和89.1%，QDA分析法为81.5%和93.2%；对4℃贮存样品，LDA分析法的最高分类准确率分别为80%和86.6%，QDA分析法为85%和96%。肖虹等采用电子鼻检测了冷却猪肉在不同贮藏温度和时间条件下挥发性成分的变化，通过主成分分析和判别分析建立的气味指纹图谱可以对冷却猪肉的新鲜度与货架寿命做出很好的判别。洪雪珍等采用PEN2电子鼻对不同贮藏时间的猪肉样品进行检测，优化了检测条件，采用主成分分析和线性判别分析均能将不同贮藏时间的猪肉样品很好地区分开，且线性判别分析结果显示电子鼻能较好区分不同贮藏时间的猪肉样品；采用逐步判别分析和BP神经网络对猪肉贮藏时间进行预测，训练集的准确率分别为100%和94.17%，预测集的准确率分别为97.92%和93.75%。

2. 肉制品新鲜度的评定

Vestergaard 等采用 MGD-1 电子鼻检测了比萨馅在贮存过程中风味的变化，采用 PCA 和 PLSR 对传感器响应信号进行统计分析，发现电子鼻可以检测比萨馅在贮存过程中发生的早期腐败风味和中期到最后的风味变化。感官评定获得的贮存中比萨馅风味变化与电子鼻检测信号之间具有较好的相关关系，以电子鼻信号建立的模型可以很好预测贮存过程中比萨馅风味的变化情况。Vestergaard 等还研究了 MGD-1 电子鼻在预测比萨猪肉馅贮藏时间和感官变化中的可行性，发现电子鼻能够很好地预测贮存时间。电子鼻系统实时在线监控比萨肉馅的品质是可行的。电子鼻可以对肉制品在货架期内品质的变化实现实时监测。Rajamaki 等采用电子鼻研究了不同贮存温度条件下气调包装烤鸡肉的质量控制问题。与微生物检测、感官检验和顶空气相分析相比，电子鼻检测能够在感官品质恶化的同时甚至是更早区分变质的和新鲜包装的烤鸡，而且，大肠菌群和产硫化氢菌数与电子鼻信号具有较好的相关性，电子鼻能够反映气调包装肉品早期腐败的信息。Blixt 采用由 10 个金属氧化物场效应半导体传感器（MOSFET）和 4 个 Tagushi 金属氧化物传感器组成的电子鼻，研究了真空包装牛肉的变质程度，发现由电子鼻检测获得的牛肉的腐败程度和感官评定结果高度相关（R°=0.94）。Limbo 等采用传统方法（微生物菌落、色度、硫代巴比妥值和顶空组成）和电子鼻研究了不同贮存温度条件下高氧气调包装牛肉馅新鲜度衰变的规律，并获得腐败动力学方程。PCA 和聚类分析（cluster analysis，CA）能够将新鲜样品和腐败样品清晰地区分开来，并获得给定温度条件下的准确的稳定时间范围，如 4.3℃的平均稳定时间为 9 天，8.1℃的为 3 ～ 4 天，15.5℃的为 2 天。结果表明传统方法检测的 Q 值（3.6 ～ 4.0）和电子鼻检测结果（3.4）及色度指标（3.9）相吻合。电子鼻技术能够很好地鉴别不同包装技术对新鲜度的作用效果。

（二）电子鼻在肉与肉制品区分中的应用

王曼等分别对免疫去势公猪肉、手术去势公猪肉和完全公猪肉进行电子鼻检测，并采用主成分分析、线性判别式分析和交互验证判别分析分别对电子鼻 15 秒、30 秒和 60 秒响应值进行统计处理。结果表明，主成分分析效果不好；采用 15 秒响应值时线性判别式分析的区分效果及聚类效果最好；交互验证判别分析的总体正确率依次为90.0%、83.3%、66.7%。手术去势组和免疫去势组的气味相似，且能与完全公猪肉区分开来，电子鼻可以实现不同去势方法对原料猪肉的区分和识别。Tikk等研究了采用不同营养强化养殖获得的猪肉制得的肉丸在不同贮藏时间后翻热的气味变化，采用最小二乘回归建立传感器信号和化学指标及感官数据之间的关系模型，发现与感官品质相关的硫代巴比妥值、己醛、戊醛、戊醇和壬醛都与翻热后气味物质的形成有关，而且8个金属氧化物传感器信号与翻热后气味物质之间显著相关，其中6个MOSFET传感器与新鲜制作的肉的气味相关，电子鼻在监测翻热肉气味检测中具有可行性。GarCia等采用金属氧化物传感器阵列组成的电子鼻区分了4种不同养殖方式饲养的猪肉制得的火腿，通过PCA和PNN分析，发现电子鼻能够准确区分不同的火腿样品，猪的不同养殖方式对其制成的火腿品质具有显著影响。Santos等设计了一个基于氧化锡的多传感器系统，将该系统用于检测不同的饲养方式和不同成熟时间的火腿，用主成分分析和人工神经网络进行分析发现，当采用氮气作为载气、250℃为工作温度时，电子鼻可以判别伊比利亚火腿的原料肉种类和成熟时间，从而排除不合格和假冒的产品，电子鼻将有可能代替传统的等级评定方式。O'Sullivan等用气质联用和由8个金属氧化物传感器和PLS模式识别法形成的电子鼻分析了4种不同饲养方式的猪肉在加工过程中的气味变化。结果表明，电子鼻不仅可以清晰地区分不同饲养方式的猪肉，也可以评价猪肉加工过程中香气的变化，从而对肉制品的品质做出评定。由此可见，电子鼻可以检测由不同饲养方式造成的肉制品品质的差异，该技术可以用来监测肉制品原料肉的品质，预防假冒伪劣产品。

（三）有害成分的监测

Wang等通过电子鼻监测了冷却肉在4℃条件下贮存10天内活菌总数变化规律，从而判断肉的新鲜度，并采用主成分分析法分析电子鼻检测结果，采用偏最小二乘和支持向量机对电子鼻响应信号和平板计数结果进行分析，获得了较好的相关性，验证了电子鼻在快速预测猪肉中菌落数的可行性。王丹凤等采用电子鼻监测了猪肉在不同温度条件下挥发性成分的气味变化，并与其中微生物数量变化相结合，发现主成分分析可以区分不同贮藏时间的猪肉样品，且电子鼻信号与细菌总数之间具有较好的线性相关关系，可以实现猪肉中有害微生物的检测。

（四）电子鼻在肉品掺假检测中的应用

肉与肉制品为人体提供了优质蛋白质。在肉品生产和加工过程中，经常会出现以低价值肉品冒充高价值肉品，或者是将低价值成分添加到高价值肉品中的现象。不同肉类挥发性成分的组成有所不同，电子鼻在肉的掺假检测中具有应用的可能性。目前，肉制品掺假的快速检测报道较少。Nurjuliana 等采用声表面波电子鼻检测了肉与肉制品是否清真，并采用顶空进样气质联用（GC-MS-HS）确认其中的挥发性成分。PCA 分析表明，电子鼻能够将猪肉和其他肉及香肠区分开来，尤其是猪肉、猪肉香肠和牛肉及鸡肉、鸡肉香肠和羊肉的区分。田晓静等在优化的电子鼻检测条件下（样品量 10 克、载气流速 200 毫升 / 分钟、顶空容积 250 毫升及顶空生成时间 30 分钟）对混入鸡肉的掺假羊肉糜进行了检测，主成分分析和典则判别分析均能识别混入不同比例鸡肉的羊肉糜样品，虽然部分相邻掺杂样品组的数据点彼此重叠；定量预测时，主成分回归分析和偏最小二乘回归分析建立的定量预测模型能有效预测混入的鸡肉比例。

二、电子舌技术在肉与肉制品中的应用

近期的文献研究表明，电子舌在食品行业的应用主要有六大方面：食品加工过程监测、食品新鲜度和货架寿命研究、掺假鉴别、成分鉴定、定量分析和其他质量控制。在肉与肉制品品质检测中也有较多的应用，如肉品新鲜度检测、定量分析、肉品质量鉴定和肉品卫生监测等方面。

（一）肉品新鲜度检测

在贮存的过程中，由于微生物和酶的作用，肉中的蛋白质、脂肪和糖类发生分解而腐败变质。随着贮藏时间的延长，肉的新鲜度逐渐下降，其内部组成成分将发生明显变化。传统检测大多是以蛋白质分解的最终产物为基础，进行定性和定量的分析，如常用挥发性盐基氮、pH 测定等表征肉的新鲜度，但是此类方法均存在耗时耗力的缺点。电子舌系统可以通过检测样品或样品溶液中味觉物质的变化情况实现肉品新鲜度的快速评定，判别肉品的质量。韩剑众等利用课题组开发的多频脉冲电子舌对不同品种生鲜肉品（猪肉和鸡肉）的品质和新鲜度进行了研究，结果发现，电子舌不仅可以有效区分不同品种（杜大长猪和金华猪）和不

同部位的宰后猪肉（背最长肌和半膜肌），还能有效识别室温（15℃）和冷藏（4℃）两种不同贮藏条件下不同贮藏时间的肉品质特性，也即新鲜度的识别。在此基础上，又分别对三黄鸡、艾拔益加肉鸡（AA 鸡）进行检测，获得了类似的结果，能够将不同品种（三黄鸡、AA 鸡）、不同部位（胸肌和腿肌）及不同新鲜度（4℃贮藏 1 天、2 天、3 天和 4 天）的鸡肉有效区分开，再次证明电子舌对肉品质和新鲜度的辨识评价是有效的。同年，该课题组探索了多频脉冲电子舌在鲈鱼、鳙鱼、鲫鱼三种淡水鱼和马鲶鱼、小黄鱼、鲳鱼三种海水鱼中进行品质和新鲜度评价的可行性，电子舌不仅能够准确地区分淡水鱼肉和海水鱼肉，而且可以辨识不同品种的淡水鱼或海水鱼之间的差异。此外，多频脉冲电子舌能够依据不同贮藏时间对淡水鱼肉和海水鱼肉的品质特征进行分类，而且能反映其品质的变化规律特性。

这些研究成果为解决现代集约化养殖下鱼类产品的品质及新鲜度的监测、评价和控制提供了新的研究思路和有效手段。

但也存在一定的不足之处，在上述内容中，新鲜度以天数表示，只是对不同贮藏天数的肉进行的定性判别，而非严格的新鲜度指标（如挥发性盐基总氮、K 值），难以表征其食用品质。LuisGil 等组建了一个由 16 个电势传感器（金属传感器、金属氧化物传感器和难溶盐电极）组成的电子舌，结合质构、色度、pH 值、菌落总数、挥发性盐基总氮和生物胺等生化指标，研究了鱼片新鲜度随时间的变化趋势。结果发现，采用电子舌信号建立的 PLS 定量分析模型可以有效预测与肉新鲜度相关的生化指标，且总生物胺、pH 值、挥发性盐基总氮和菌落总数与 16 个传感器信号之间具有显著的相关关系（其相关系数在 0.98 以上）。该团队又采用自行研发的由金属电极（3 个金电极、2 个银电极、1 个镍电极、3 个铜电极和 3 个石墨电极）组成的电势型电子舌，对乌颊鱼鱼片进行连续和间断的检测，并对其鱼糜进行间断监测，以研究其新鲜度和品质在贮藏中的变化趋势。结果发现，所用的 12 根传感器，尤其是金电极和银电极，可以有效监测乌颊鱼宰后肉新鲜度的下降情况，且采用表征鱼宰后新鲜度指标的 K 值对电子舌的检测结果进行验证，发现 K 值与金电极和银电极检测信号之间具有较好的相关性，表明电子舌可以作为一种快速、可靠、有效的分析鱼肉新鲜度的方法。

在此基础上，Luis Gil 等采用由 6 根电极（金、银、铜、铅、锌和石墨）组成的电子舌检测了冷藏条件下猪肉的新鲜度变化，同时监测其物理化学、微生物和生化指标，采用多种多元统计分析方法（主成分分析、PLS 和人工神经网络分析）研究了电子舌信号和肉品新鲜度指标之间的相关关系。主成分分析和神经网络分析均能将不同新鲜度的样品正确区分和识别，PLS 分析发现 pH、K 值和电子舌信号之间存在较好的相关性，采用电子舌信号可以实现鱼肉新鲜度的监测。由此结果可知，电子舌可以实现肉品新鲜度定性和半定量的检测。上述分析将不同类型传感器组成的电子舌的响应信号与新鲜度相关指标有机结合，为电子舌在肉品新鲜度检测中的应用提供了理论依据。

（二）定量分析

肉制品加工过程中，为达到防腐、护色、改善肉质等效果，往往会添加一些盐类（硝酸盐、亚硝酸盐和氯化钠）。但是，在生产中，盐类的添加量有一定的限制，过少难以达到所要求的目的；过多，则对肉的品质产生影响，如使肉的持水能力下降、汁液渗出、蛋白质沉淀等，同时还会影响消费者的身体健康。而常规的检测方法通常有样品预处理复杂、耗时长、设备投入高、需要专业技术人员等缺点，难以实现实时在线监测。目前已经有研究者探索电子舌在监测肉和肉制品中盐类含量中应用的研究。H.Roberto 等采用电子舌和电化学阻抗光谱这两种电化学方法检测了碎肉中氯化钠、亚硝酸钠和硝酸钾的含量水平。电子舌检测了盐水溶液和碎肉样品，而阻抗传感器只检测了碎肉样品。实验设计了三种盐（氯化钠、亚硝酸钠和硝酸钠）的三个不同添加水平（低、中、高）共 18 个实验。采用交互验证和 PLS 回归对数据进行分析，建立预测模型。结果发现对氯化物的预测效果较好，而对亚硝酸盐和硝酸盐含量的预测效果一般。在上述研究的基础上，LI.Campos 等采用惰性金属组成的电子舌研究了盐水和碎肉中不同盐含量的测定。首先采用电子舌测定水溶液中不同阴离子的响应特征，以获得一组电子舌检测肉样时的脉冲值。按照实验设计方案在水和肉样中添加三种不同含量的三种盐。采用 PLS 回归分析三种盐的真实浓度和电子舌信号预测值之间的关系，发现盐水中两者之间具有较好的相关性。由于碎肉中各种复杂成分之间的相互作用，电子舌信号预测盐水中盐含量的效果明显优于碎肉。尽管如此，电子舌信号仍能准确地预测肉中各种阴离子的含量。目前，电子舌检测肉制品中盐类的含量仅限于单一添加盐类，其结果会受到肉中各种复杂成分之间的相互作用的影响。在实际生产中，肉制品在加工中添加的调味料会对电子舌的检测结果带来更显著的影响，这使得电子舌在肉制品检测中的应用受到限制，而且电子舌的定性、稳定性一直都是困扰电子舌应用的一大难题。

（三）肉品质量鉴定

肉与肉制品为人体提供了优质蛋白质。在肉品生产和加工过程中，经常会出现以低价值肉品冒充高价值肉品，或者是将低价值成分添加到高价值肉品中的现象。目前，肉类品种、掺假的主要检测方法有感官评定、理化指标检测和基于蛋白质和 DNA 检测。但是感官评价结果易受外界条件的影响，理化指标分析耗时较长；基于蛋白质和 DNA 分析时，需要复杂的样品预处理过程，对技术人员的要求较高，而电子舌提供了一种快速、便捷的检测方法。Chi-Chung Chou 等研究了电化学检测器的高效液相色谱在 15 种动物肉品（牛、猪、山羊、鹿、马、鸡、鸭、鸵鸟、鲑鱼、鳕鱼、虾、蟹、扇贝、牛蛙和鳄鱼）区分中的应用。每种样品都具有独特的电化学特征，且不同种属样品和不同部位样品的检测结果发现保留时间和峰展开时间的变异系数低于 6%。

而且该方法不需要衍生或萃取，可用于新鲜肉和烹调后的肉品。虽然室温下 24 小时和反复融冻的牛肉、猪肉和鸡肉样品特征峰的强度有所变换，但其模式没有变化。该方法适用于快速区分多种不同的肉制品，表明电化学检测可以作为免疫化学和分子生物学的补充方法。黄丽娟采用实验室开发的多频脉冲电子舌对不同品种、部位、贮存时间的肉样进行评价，表明电子舌能够有效区分不同肉样的肉质差异，并能很好地反映肉品在贮存过程中的整体变化规律，为利用电子舌进行肉品新鲜度和货架寿命的监控提供了实验基础。王鹏等采用多脉冲电子舌系统对不同品种、不同日龄、不同部位的鸡肉进行检测，并采用主成分分析法对电信号进行分析，发现在同一品种鸡的煮制中，鸡胸肉和鸡腿肉对电子舌的响应差异明显；而对于煮制鸡胸肉、鸡腿肉或鸡汤来说，单电极对不同品种的区分效果不理想。经优化后的复合电极可以实现对由 3 种不同原料肉加工的煮制鸡腿肉或鸡汤的区分，表明电子舌在区分不同原料鸡肉加工产品方面具有一定的潜力。

A.Legin 等采用由 4 个固体传感器和 7 个聚氯乙烯（PVC）薄膜传感器组成的电子舌对不同品种（鳕鱼、黑线鳕和鲈鱼）和不同品质（鲜肉、冰箱冷藏肉和室温贮存肉）的鱼肉进行了检测，发现该电子舌系统能够区分海水鱼和淡水鱼，且能够检测到鱼肉新鲜度的变化，可见电子舌可以用来评定肉类的品质。田晓静等在优化的电子舌检测条件下（0.1 摩尔 / 升 KCI 溶液浸提 15 克肉糜样品）对混入鸡肉的掺假羊肉糜进行了检测，结合主成分分析和典则判别分析，电子舌均能很好地区分混入不同比例鸡肉的羊肉糜样品，多元线性回归分析和偏最小二乘回归分析建立的定量预测模型能有效预测混入的鸡肉比例。综上所述，电子舌在区分不同物种、品种、部位的原料肉和肉制品中具有可行性，这为准确、快速、经济地鉴别原料肉的来源、品质、贮藏方法等提供了理论基础。

（四）肉品卫生监测

在家畜养殖、屠宰、加工等过程中，会受到环境中各种因素的影响。肉品易受微生物的污染而发生腐败变质。鸡肉是一种较受欢迎的肉品，但是在加工过程中易受到病菌性微生物（如沙门氏菌）的污染。Yu-binLan 等研究采用一种对鸡肉中沙门氏菌敏感的表面等离子体共振生物传感器组成的电子舌成功用于检测鸡肉中沙门氏菌的含量。采用一系列不同稀释度的抗体溶液来检测 SPR 生物传感器的选择性，发现该传感器对微生物含量的监测具有可信度。结果表明，该 SPR 生物传感器有应用于病原菌监测的潜力，只是需要做更多的实验，以确定其检测限。

三、电子鼻技术在橄榄油品质分析中的应用

电子鼻由于具有分析快速、操作简单、重现性好等人和常规分析仪器所无法比拟的优点，如今已广泛地应用于橄榄油品质分析中。在橄榄油品质分析中，电子鼻主要对橄榄油中的挥发性成分进行识别和分类，结合感官指标和理化指标对产品进行质量分级、产地鉴别、掺假判别和缺陷分析等。下面主要介绍电子鼻在分析橄榄油时的采样方式、所用电子鼻体系、模式识别方法及数据融合方式。

（一）采样方式

目前，比较常用的是顶空方法，一般是取一定量的油样放入样品瓶 / 杯中，

加盖密封，平衡一段时间，平衡的方法不同，时间也各不相同。平衡好的样品顶空气体大多直接泵入传感器室进行分析，但也有预先对样品进行浓缩的做法，以提高分析的灵敏度和重复性。食用油的挥发性物质主要是一些醇、醛和酮类，不同品种、不同质量的橄榄油所含的风味成分及含量均不同。在分析过程中，一方面，应该使油样中的特征风味物质尽量挥发出来，提高分析的灵敏度；另一方面，还要保证采样方式的稳定性，使分析到的同一橄榄油的挥发性组分的比例保持一致。不同的品质、产地及掺假橄榄油的特征风味物质的挥发难易程度不同，其样品顶空达到平衡的条件也不同。

分析时，若平衡不充分，难以获得橄榄油的真实指纹图谱，而过多风味物质的挥发又会干扰到传感器的分析结果。所以，研究并建立不同橄榄油的电子鼻分析体系显得十分必要，相关参数包括分析样品用量、顶空生成温度和时间、进样体积和速率、载气种类和流速等的筛选。

（二）所用电子鼻体系

目前，应用在橄榄油品质分析中的电子鼻一般采用传感器阵列技术，但是使用的传感器种类和数量有所不同，目前商业用的电子鼻和科研组自行开发的电子鼻介绍如下。M.J.Lermagarcia 等采用意大利 Bologna 公司生产的 EOS507 电子鼻对橄榄油的缺陷进行分析，该电子鼻包含 6 个金属氧化物半导体传感器阵列，利用传感器电导率的变化产生响应信号，结果显示，分别添加有 5 种典型橄榄油感官缺陷（霉潮味、陈腐味、泥腥味、酸败味和酒酸味）的葵花油可以采用线性判别分析（linear discriminant analysis，LDA）和人工神经网络（artificial neural network，ANN）法正确区分，且采用多元线性分析法对电子鼻数据进行分析，可以确定缺陷成分添加的比例。ManuelCano 等采用商业化的电子鼻体系 EOS835 对常见于橄榄油挥发组分的几种芳香成分和品质高低不同的橄榄油进行了分析，发现仅从电子鼻传感器相应信号能够很好地将这些单一芳香化合物进行区分，主成分分析也获得了较好的效果；对不同品质的橄榄油——初榨橄榄油（virgin olive oil，VOO）、特级初榨橄榄油（extra virgin olive oil，EVOO）和仅供加工提炼的初榨橄榄油（lampante olive oil，LOO），采用判别分析可获得比主成分分析更好的区分效果。

电子鼻被应用在橄榄油掺假的分析研究中，Ma Concepcion Cerrato Oliveros 等采用 AlphaMOS 公司生产的 FOX4000 电子鼻（12 个传感器）研究了 VOO 的掺假问题，掺假物为葵花籽油和橄榄果渣油，分别以 5%、10%、20%、40% 和 60% 掺入 VOO 中。对 VOO 和掺入葵花籽油和橄榄果渣油的掺假橄榄油，电子鼻 12 个传感器的响应变化规律有明显差异。特征提取后，采用线性判别分析 LDA 和二次判别分析 QDA 对其进行分析，结果发现两种分析方法在区分和预测时，其正确率基本都在 93% 以上，电子鼻能够很好地区分橄榄油中掺假物的种类。采用 ANN 和 PLS 进行定量分析时，所建立的预测模型精度有待进一步提高。Sylwia Mildner-Szkudlarz 等采用 FOX4000 电子鼻（18 个传感器）研究了橄榄油中掺杂榛子油的问题，掺杂量为 5%、10%、25% 和 50%，PCA 分析图中，4 种不同的 EVOO 位于同一区域，且能相互区分，4 个不同的掺假橄榄油位于另外的区域，且以其掺假物的含量也能很好地区分，榛子油与上述两个区域的区分明显。结合气相色谱法（gas chromatography，GC）、质谱（mass spectrometry，MS）也可以获得类似的结果，并采用气质联用（GC/MS）分析其中的挥发性成分，进行了验证。M.S.Cosio 等采用产自瑞典的 Model3320 电子鼻研究了不同贮藏条件下（暗室贮藏 1 年：class；自然光线下贮藏 1 年：class2；暗室贮藏 2 年：class3）EVOO 油脂氧化的变化情况。结果发现电子鼻能够区分不同贮藏条件下的橄榄油样品。除商业电子鼻外，不同科研团队开发的电子鼻也被应用在橄榄油品质分析中。

A.Guadarrama 等采用由 16 个高分子聚合物传感器阵列组成的电子鼻对不同品质和产地的橄榄油进行了分析，结果发现，该传感器阵列不仅能将不同品质的橄榄油区分开来，还能实现不同品种的区分，对不同产地的橄榄油也具有一定的区分效果。C.Apetrei 等采用由 15 个金属氧化物传感器组成的电子鼻分析了不同苦度的橄榄油，发现与电子舌和电子眼相结合可以获得比三个电子感官分析方法更好的结果，且发现苦度与电子舌信号具有较好的相关关系。Maria E Eseuderos 等采用由 5 个石英晶体微天平传感器自制的电子鼻结合理化指标的分析对橄榄油进行了判定，通过主成分分析发现，电子鼻信号基本可以将可食用的橄榄油（VOO 和 EVOO）与不可食用的橄榄油（LOO）区分开来。Z.Haddi 等采用自制电子鼻研究了摩洛哥不同地区的 VOO 中的挥发性成分。根据电子鼻各传感器的相应指纹图谱，可初步将 5 种不同地区的 VOO 区分开来；采用 PCA 和 LDA 对电子鼻响应信号进行分析，可以获得较好的区分效果，且 LDA 的效果更好。A. Cimato 等采用由 5 个具有不同敏感层的传感器阵列组成的电子鼻结合理化指标分析方法（GC，GC/MS，HPLC）研究了 TusCan 地区 12 种单品种的 EVOO 中的挥发性成分，电子鼻能够将不同种类的 EVOO 很好地区分。

（三）模式识别方法

电子鼻的分析结果是传感器的一系列响应值，数据量大，必须通过适当的模式识别技术进行处理，才能对样品进行定性和定量分析。而不同的模式识别技术对电子鼻原始信号的解释能力有所不同。针对不同的分析目的，应选择合适的模式识别系统，并在试验的过程中不断优化所选用的模式识别方法，使得电子鼻的分析结果更加准确可信。目前在橄榄油品质和产地鉴别的分析中，常用的模式识别技术有 PCA、LDA、DA、QDA、DFA 和单类成分判别分析（soft independent modeling of class analogy，SIMCA），用于掺假样品定量预测的模式识别技术有 PLS、多元线性回归分析（mulivariate linear regression，MLR）和 ANN。在定性分析方面，A.Guadarrama 等采用电子鼻对不同品质、不同产地的橄榄油进行区分，采用 PCA 对结果进行分析，对中等品质和品质较差的不同地区的橄榄油，其前两个主成分之和均在 95.7% 以上，说明这两种方法提取的信息能够反映原始数据的大部分信息，说明 PCA 分析可以实现对不同品质、不同区域的橄榄油进行区分。Manuel Cano 等采用电子鼻对橄榄油中常见挥发成分的单一化合物和不同品质的橄榄油进行区分，并对其结果进行 PCA 和 DFA 分析，发现数据点有部分重叠，但基本能够区分开来，且 DFA 的区分效果优于 PCA 分析。Z.Haddi 等采用自制电子鼻对不同地区的初榨橄榄油进行区分，采用 PCA 和 LDA 对电子鼻响应信号进行分析，可以获得较好的区分效果，且 LDA 分析中数据点聚集效果很好。Monica Casale 等采用电子鼻对不同地区的 EVOO 进行了研究，采用 SIMCA 分析对不同数据融合方法进行了判别，发现采用直接将数据合并并进行 SELECT 之后的识别效果优于分别提取主成分分析前 2 个因子。

Ma Concepecion Cerrato Oliveros 等采用电子鼻研究了橄榄油中掺假的问题，

采用 QDA 分析对未掺假、掺葵花籽油和掺橄榄果渣油进行区分，发现在逐步贝叶斯判别分析筛选参数后，其区分效果较好，对识别和预测集的判别率基本都在 95% 以上。在样品掺假比例的定量预测方面，M.J.Lerma-GarCia 等将橄榄油按不同比例加入精炼葵花籽油中，利用基于 MLR 的神经网络对各种橄榄油的百分比进行预测，实际值和预测值之间的回归系数高达 0.988，证明 ANN 能够对未知样进行准确的定量预测。Mildner-Sakudlarz 等将榛子油以不同比例（5%、10%、25% 和 50%）掺入橄榄油中，利用 PLS 对各个百分比进行预测，实际值和预测值之间的回归系数高达 0.997，PLS 能够对掺假含量进行准确的定量预测。

（四）数据融合方式

在电子鼻信号进行模式识别前，为降低信息维度，减少噪声，常采用特征值提取的方法。目前在橄榄油电子鼻分析信号特征值提取中，常用的方法有直接合并不同仪器的数据、直接合并后进行标准化、对不同仪器数据进行主成分分析并提取前几个主成分形成新的数据集、直接合并后采用逐步判别分析（Step-LDA）降低原始变量的个数。Monica Casale 等采用电子鼻、近红外光谱技术 NIR 和紫外 - 可见光分析对不同地区的橄榄油进行区分，采用两种方法实现三种仪器数据的融合：第一，对每组分析数据进行主成分降维，并取前两个主成分形成新的数据集并进行进一步的分析。第二，将三个仪器的数据直接合并，并采用特征值提取方法，获得 12 个参数。这两种方法获得的区分效果都比单一仪器的分析效果好，且第二种方法融合后的 SIMCA 结果优于第一种。C.Apetrei 等采用电子鼻、电子舌和电子眼对不同苦度的橄榄油进行区分，采用主成分分析分别对三组数据进行分析，提取前两个主成分形成新数据集，但是主成分分析对融合后的数据的区分效果并没有提高（相对于三种方法独立分析时的结果），而 PLS-DA 分析的区分效果较好。

四、乳与乳制品品质监控与鉴别

电子鼻能够分析、识别和检测复杂风味及成分，其检测具有快速、客观、准确等特点。电子鼻在乳品货架期测定、不同工艺乳品分类、不同产地和不同风味奶酪的鉴别、原料乳掺假检验、乳制品中特定成分的测定、乳中微生物分析和生产过程监控、不同产地牛乳的区分、掺假乳的检测等乳品生产过程与质量控制中均有应用。方雄武等利用电子鼻对不同奶厂来源的奶进行识别研究，结合 Bayes 算法、最小二乘支持向量机法可以对 8 个不同厂家的牛奶进行分类识别。贾茹等利用电子鼻研究了对山羊奶中与膻味有关的游离己酸、辛酸和癸酸的响应差异，PCA 及 LDA 都能够区分出不同游离己酸、辛酸和癸酸质量浓度的山羊奶，PLS 分析的决定系数分别为 83.09%、88.92%、61.68%，表明电子鼻响应值与游离己酸、辛酸、癸酸有一定的线性关系，为建立电子鼻客观评价山羊奶膻味强度方法提供了理论依据。马利杰以原料牛奶、过期复原奶和牛奶粉为掺假对象，设计不同掺假比例的掺假乳，结合多元统计分析，得出电子鼻技术应用于羊奶和羊奶粉掺假外来物质的定性分析和定量分析具有可行性。

除上述应用外，电子鼻在农产品品质检测与分级、茶叶品质分析、谷物贮藏监控、饮料鉴别与区分等方面也得到了广泛应用。

五、电子舌技术在其他食品中的应用

电子舌作为一种快速检测味觉品质的新技术，能够以类似人的味觉感受方式检测出味觉物质，可以对样品进行量化，同时可以对一些成分含量进行测量，具有高灵敏度、可靠性、重复性的特点。另外，电子舌检测液体样品时，无须进行预处理就能实现快速的检测。由于电子舌的这些优势，目前该技术在饮料鉴别与区分、酒类产品（啤酒、清酒、白酒和红酒）区分与品质检测、农产品识别与分级、航天医学检测、制药工艺研究、环境监测等领域有较多应用。

（一）农产品品质检测与分级

电子舌在农产品品质检测与分级这一领域中的应用，近年来国内外已经有较多的研究，主要有以下几个方面：一是果蔬检测与分级领域，国内外在番茄的检测与分级方面的研究比较多。Kikkawa 等（1993）利用电子舌测量番茄，通过不同的输出电势模式和主成分分析来区分不同等级。Kiyoshi Toko（1998）采用自行研制的多通道类脂膜传感器阵列组成的电子舌检测几种不同的番茄，对添加了 4 种基本味觉底物的番茄汁进行检测时，采用主成分分析的方法分析数据，几种品牌番茄的味道以 4 种基本味觉的品质投射到主成分分析轴上，这与人类感官评定的结果很吻合。Alisa Rudnitskaya 等（2006）采用由 15 个 PVC 膜制成的电化学传感器和一个 Ag/AgCl 参考电极组成的电子舌检测了 5 种番茄。输出信号与番茄中可滴定酸之间具有较高的相关关系。将输出数据经 PCA 分析后，其中两种番茄有大部分重叠（其中一种是另一种的杂交后代），其他几种区分很好。可见电子舌在农产品检测与分级上具有广阔的应用前景。Katrien Beullens 等（2006）采用电子舌研究了 4 种栽培方式的番茄，与 HPLC 结果相比，电子舌能够从糖、酸这两个角度将不同栽培方式的番茄区分开来，但是其对番茄汁中某单一组分的预测却并不准确，需要更进一步的优化。二是水产品检测与分级领域，电子舌在肉类检测方面的应用较少。Andrey Legin 等（2002）采用由 4 个晶体管传感器和 7 个 PVC 膜传感器组成的电子舌检测了几种鱼肉（需样品预处理），结果表明电子舌能够将新鲜的鱼与变质的鱼区分开来，将冰箱中冷藏的鱼肉与室温下贮藏的鱼肉区分开来，监测鱼肉腐败的过程，将海水鱼与淡水鱼区分开来，但无法区分不同的海水鱼。因此，电子舌可以对鱼肉的品质进行评价。

（二）软饮料鉴别与区分中的应用

在这一领域，国内外已有较多研究，主要是在茶饮料、矿泉水、果汁和咖啡等方面。近些年来，人们越来越关注饮用水的质量问题。很多人都要求安全、美味的水。吴坚等（2006）用由铜电极、一个对电极（铂电极）和一个参比电极（银/氯化银）组成的电子舌检测 5 种绿茶，将在铜电极上获得的循环伏安电信号用主成分分析的方法，结果表明该电子舌可以将这 5 种绿茶清楚地区分开。Larisa Lvova 等（2003）研究了电子舌在茶叶滋味分析中的运用，对立顿红茶、4 种韩国产的绿茶和咖啡的研究表明，采用 PCA 分析方法可以很好地区分红茶、绿茶和咖啡，并且也能很好地区分不同品种的绿茶。他们还研究了采用 PCR 和 PLS 分析方法的电子舌技术在定量分析代表绿茶滋味的主要成分含量上的分析能力。结果表明，电子舌可以很好地预测咖啡碱（代表了苦味）、单宁酸（代表了苦味和涩味）、蔗糖和葡萄糖（代表了甜味）、L- 精氨酸和茶氨酸（代表了由酸到甜的变化范围）的含量和儿茶素的总含量，认为电子舌可以定性和定量分析茶叶的品质。A.Legin 等（2000） 用由 30 个传感器组成的电子舌检测了自来水和 6 种矿泉水，电子舌能够很好地区分不同的矿泉水，并能将受到有机物污染的矿泉水与其他矿泉水区分开来。2周后，再次检测该矿泉水，结果无明显改变，可见实验结果的重复性、可靠性均很好。Kiyoshi Toko（1998）采用自行研制的多通道类脂膜传感器阵列组成的电子舌对41种品牌的矿泉水进行检测，味觉传感器对不同品牌的矿泉水的响应很好，能够区分不同品牌的矿泉水。对其中7种矿泉水进行检测时，由于矿泉水的味道相当微弱，人们难以辨别不同品牌的矿泉水，感官评定的结果缺乏重复性，电子舌的检测结果明显优于感官评定的结果。

六、电子舌和电子鼻联用技术在食品中的应用

电子鼻和电子舌联用，综合气味和滋味信息，对食品品质进行综合判别，提高了判别及预测结果的准确性。钱敏等应用电子鼻和电子舌技术对同一品牌不同段数以及不同品牌的婴儿奶粉进行检测，发现电子舌和电子鼻可以将同一品牌不同段数以及不同品牌的婴儿奶粉区分开，可很好地应用在婴儿奶粉检测中。宋慧敏等采用电子鼻和电子舌人工智能感官评价技术对不同热处理牛奶的气味和滋味进行测定，利用主成分分析法（PCA）和判别因子法（DFA）对检测结果进行分析，发现电子鼻和电子舌两种技术结合起来能更好地鉴别不同热处理样品，可很灵敏地将不同温度和时间处理的牛奶区别开来，并且能对其他牛奶样品的加热程度进行粗略预测。对果汁、果汁饮料，国内外已有较多的相关研究，均发现使用电子舌技术能容易地区分多种不同的果汁饮料。滕炯华等（2004）利用由多个性能彼此重叠的味觉传感器阵列组成的电子舌，能够识别出几种不同的果汁饮料（苹果、菠萝、橙子和红葡萄），且识别率达到了94%。结果表明，电子舌识别的传感器信号与味觉相关底物之间有相关性，可以实现在线检测或监测。Andrey Legin等（1997）使用由30个传感器组成阵列的电子舌技术监测了果汁的老化过程，在橘子汁开瓶后的5小时内，数据点（1～6）之间的距离相对较远，果汁在此期间迅速发生变化。在25～122小时（2～5天）内，果汁的变化速度有所减慢，在第五天时果汁的质量基本达到了可接受的底线。第七天检测的结果与其他实验点相距较远，认为已经腐败。Andrey Legin等（1997）对2种速溶咖啡和2种普通咖啡进行了检测，结果表明，尽管实验次数很少（每个样品3～5次），PCA图仍能将实验选取的咖啡区分开，而且同一品牌的不同产品（不同干燥技术）之

间也没有任何重叠。Kiyoshi Toko（1998）采用自行研制的电子舌检测了10种不同产地的咖啡，通过观察输出电势模式之间的差异就可以将不同产地的咖啡区分开来。

在酒精饮料方面，国内外的研究主要集中在日本清/米酒、啤酒、白酒（伏特加）和红酒这四种。Satoru liyama等（1996）利用由8种类脂膜传感器和葡萄糖化酶传感器组成的味觉传感器阵列对日本清酒的品质进行检测，8个输出信号组成的电势模式代表了清酒的味觉品质和强度。将输出信号处理后发现，两维信号分别代表了滴定酸度和糖度含量。从模式识别分析上看，电子舌的输出信号与滴定酸度、糖度之间具有很大的相关性，可对米酒的甜度预测做出数学模型。Y.Arikawa等（1996）采用多通道味觉传感器体系检测清酒酒糟中的可滴定酸和酒精浓度，其中一个带正电的膜对酒精有响应，并且该响应与气相色谱检测的结果相一致。采用一个带负电的膜来检测清酒酒糟的可滴定酸，膜的响应与可滴定酸之间存在很高的相关性，结果表明，电子舌的结果与测定的结果相一致，尤其是将带正电的膜响应进行多元回归。电子舌可以检测清酒酒糟中的酸度和酒精浓度，在监测清酒发酵过程中具有重要作用。Kiyoshi Toko（1998）采用自行研制的电子舌对高酒精度的米酒进行检测，发现传感器响应信号与米酒可滴定酸之间具有较高的相关性，电子舌在监测清酒调配和清酒糖化醪发酵过程中具有很大的潜力。

目前，对啤酒的研究较少，且主要是对不同品牌、不同类型啤酒的区分的研究。俄罗斯的Legin（1997）使用由30个传感器组成阵列的电子舌技术对4种不同类型的啤酒进行测试，以评估电子舌的稳定性和实验结果的可重复性。结果表明，电子舌能够给出可重复且稳定的信号。电子舌技术能清楚地显示各种啤酒的味觉特征，同时，样品并不需要经过预处理，因此，这种技术能满足生产过程在线检测的要求。Kiyoshi Toko（1998）采用自行研制的由多通道类脂膜传感器阵列组成的电子舌，在某一啤酒为标准的条件下，测得了8种不同品牌的啤酒的响应模式，仅用这些模式就可以很容易地将一种啤酒与其他几种区分开来。Patrycja Ciosek等（2006）选择由离子选择电极和部分选择电子组成的“流通”传感器阵列电子舌，检测了不同生产日期、不同生产地的同一品牌的啤酒，采用PLS和ANN技术组合对数据进行分析，能够对样品进行正确的区分，其正确率达到了 83%。白酒方面，A.Legin 等（2000）用由 30 个传感器组成的电子舌检测了味觉、化学组成均相似的 20 种酒，结果表明电子舌能将其很好地进行区分。A.Legin 等（2005）采用自行研制的电子舌研究了酒精饮料质量快速检测方法，结果表明，电子舌能够区分同一酒厂生产但使用的是不同纯度的酒精和水、不同的添加剂的不同品牌的酒，能够区分酒精是合成的还是谷物酿造的，区分不同等级的酿造酒精（如不同的洁净度），区分 eau-de-vie 新鲜产品、陈化产品、用不同蒸馏技术生产的产品、贮存在不同橡木桶中的产品等。在酒精饮料中，电子舌显示了快速质量分析的优势。红酒方面，Alisa Rudnitskaya 等（2006）对 2 ～ 70 年不同品种的 160 个波特酒样品进行了电子舌检测和理化指标分析，结果表明电子舌检测结果和理化指标分析结果基本一致。采用传感器输出信号对波特酒进行酒龄预测，其误差在 5 年左右，当对 10 ～ 35 年的波特酒进行预测时，其误差在 1.5 年内。这项研究表明电子舌在预测波特酒酒龄方面具有可行性。Corrado Dinatale 等（2004）采用由两组基于气体和液体的金属卟啉传感器分析了红酒，结果表明电子舌具有定性和定量分析的能力，且其准确性更好（化学指标的误差在 0.6% ～ 52%，而传感器描述的误差在 2% ～ 12%）。A.Legin 等（2000）用由 30 个传感器组成的电子舌检测了 20 种葡萄酒，电子舌能够将这些在味道和化学组成上都很接近的葡萄酒区分开来。

第五章 高效液相色谱法

第一节 高效液相色谱仪的基本结构与原理

一、高效液相色谱法的特点

（1）高效液相色谱法以液体作为流动相（称为载液），液体流经色谱柱时，受到的阻力较大，为了迅速通过色谱柱，必须对载液施加高压。在现代液相色谱法中供液压力和进样压力都很高，一般可达到 15 ～ 35 兆帕。

（2）高效液相色谱法所需的分析时间较经典液相色谱法短得多，一般都小于 1 小时，例如，分离苯的羟基化合物七个组分，只需要 1 分钟就可以完成；对氨基酸分离，用经典色谱法，柱长约 170 厘米、柱径 0.9 厘米、流动相流速 30 毫升 / 小时，需要 20 多个小时才能分离出 20 种氨基酸，而用高效液相色谱法，只需 1 小时即可完成。载液在色谱柱内的流速较经典液相色谱法高得多，一般可达 1 ～ 10 毫升 / 分钟。

（3）高效液相色谱法的柱效高，约可达 3 万塔板 / 米以上（气相色谱法的分离效能也很高，柱效约为 2 000 塔板 / 米）。这是由于近年来研究出了许多新型固定相（如化学键合固定相），使分离效率大大提高。

（4）高灵敏度高效液相色谱法已广泛采用高灵敏度的检测器，进一步提高了分析的灵敏度。如紫外检测器的最小测量可达纳克数量级，费光检测器的灵敏度高。高效液相色谱的高灵敏度还表现在所需试样很少，微升数量级的试样就足以进行全面分析。高效液相色谱法只需要试样能制成溶液，而不需要汽化，因此不受试样挥发性的限制，对于高沸点、热稳定性差、分子量大（大于 400）的有机物（这些物质几乎占到有机物总数的 75% ～ 80%），原则上都可以用高效液相色谱法进行分离分析。

二、高效液相色谱仪的基本结构

高效液相色谱仪系统（HPLC）一般由输液泵、进样器、色谱柱、检测器、数据处理和计算机控制系统及恒温装置等组成。其中输液泵、色谱柱、检测器是关键部件。有的仪器还有梯度洗脱装置、在线脱气机、自动进样器、预柱或保护柱、柱温控制器等，现代 HPLC 还有微机控制系统，进行自动化仪器控制和数据处理。制备型 HPLC 还备有自动分馏收集装置。目前常见的 HPLC 生产厂家，国外有 Waters 公司、Agilent 公司（原 HP 公司）、热电公司、岛津公司等，国内有大连依利特公司、上海分析仪器厂、北京分析仪器厂等。

（一）输液泵

1. 泵的构造和性能

输液泵是 HPLC 系统中最重要的部件之一。泵的性能好坏直接影响到整个系统的质量和分析结果的可靠性。输液泵应具备如下性能：流量稳定，RSD ＜ 0.5%，这对定性定量的准确性至关重要；流量范围宽，分析型应在 0.1 ～ 10 毫升 / 分钟范围内连续可调，制备型应能达到 100 毫升 / 分钟；输出压力高，一般应能达到 150 ～ 300 千克 / 厘米；液缸容积小，密封性能好，耐腐蚀。泵的种类很多，按输液性质可分为恒压泵和恒流泵。恒流泵按结构又可分为螺旋注射泵、柱塞往复泵和隔膜往复泵。恒压泵受柱阻影响，流量不稳定；螺旋泵缸体太大，这两种泵已被淘汰。目前应用最多的是柱塞往复泵。柱塞往复泵的液缸容积小，可至 0.1 毫升，因此易于清洗和更换流动相，特别适合再循环和梯度洗脱；改变电机转速能方便地调节流量，流量不受柱阻影响；泵压可达 400 千克 / 厘米。其主要缺点是输出的脉冲较大，现多采用双泵系统来克服。双泵按连接方式可分为并联式和串联式，一般来说并联泵的流量重现性较好（并联泵 RSD 为 0.1% 左右，串联泵 RSD 为 0.2% ～ 0.3%），但出故障的概率较大（因多一个单向阀），价格也较贵。

2. 泵的使用和维护注意事项

为了延长泵的使用寿命和维持其输液的稳定性，必须按照下列注意事项进行操作。①防止任何固体微粒进入泵体，因为尘埃或其他任何杂质微粒都会磨损柱塞、密封环、缸体和单向阀，所以应预先除去流动相中的任何固体微粒。流动相最好在玻璃容器内蒸馏，而常用的方法是过滤，可采用 Millipore 滤膜（0.2 微米或 0.45 皮米，分为有机系和无机系）等滤器。泵的入口都应连接砂滤棒（或片）。输液泵的滤器应经常清洗或更换。②流动相不应含有任何腐蚀性物质，含有缓冲液的流动相不应保留在泵内，尤其是在停泵过夜或更长时间的情况下。如果将含缓冲液的流动相留在泵内，由于蒸发或泄漏，甚至只是由于溶液的静置，就可能析出盐的微细晶体，这些晶体将和上述固体微粒一样损坏密封环和柱塞等。因此，必须泵入纯水将泵充分清洗后，再换成适合色谱柱保存和有利于泵维护的溶剂（对于反相键合硅胶固定相，可以是甲醇或甲醇 - 水或乙腈或乙腈 - 水）。③泵工作时要防止溶剂瓶内的流动相被用完，否则空泵运转也会磨损柱塞、缸体或密封环，最终产生漏液。④输液泵的工作压力绝不要超过规定的最高压力，否则会使高压密封环变形，产生漏液。⑤流动相应该先脱气，以免在泵内产生气泡，影响流量的稳定性，如果有大量气泡，泵就无法正常工作。

如果输液泵产生故障，须查明原因，采取相应措施排除故障。①没有流动相流出，又无压力指示。原因可能是泵内有大量气体，这时可打开泄压阀，使泵在较大流量（如 5 毫升 / 分钟）下运转，将气泡排尽，也可用一个 50 毫升针筒在泵出口处帮助抽出气体。另一个可能的原因是密封环磨损，需更换。②压力和流量不稳。原因可能是存在气泡，需要排除；或者是单向阀内有异物，可卸下单向阀，浸入丙酮内超声清洗。有时可能是砂滤棒内有气泡，或被盐的微细晶粒或滋生的微生物部分堵塞，这时，可卸下砂滤棒浸入流动相内超声除气泡，或将砂滤棒浸入稀酸（如 4 摩尔 / 升硝酸）内迅速除去微生物，或将盐溶解，再立即清洗。③压力过高的原因是管路被堵塞，需要清除和清洗；压力降低的原因则可能是管路有泄漏。检查堵塞或泄漏时应逐段进行。

3. 梯度洗脱

HPLC 有等强度（isocratic）洗脱和梯度（gradient）洗脱两种方式。等强度洗脱是在同一分析周期内流动相组成保持恒定，适合组分数目较少、性质差别不大的样品。梯度洗脱是在一个分析周期内程序控制流动相的组成，如溶剂的极性、离子强度和 pH 值等，用于分析组分数目多、性质差异较大的复杂样品。采用梯度洗脱可以缩短分析时间，提高分离度，改善峰形，提高检测灵敏度，但是常常引起基线漂移和降低重现性。梯度洗脱有两种实现方式：低压梯度（外梯度）和高压梯度（内梯度）。两种溶剂组成的梯度洗脱可按任意程度混合，即有多种洗脱曲线：线形梯度、凹形梯度、凸形梯度和阶梯形梯度。线形梯度最常用，尤其适合在反相柱上进行梯度洗脱。在进行梯度洗脱时，由于多种溶剂混合，而且组成不断变化，因此会带来一些特殊问题，必须充分重视。①要注意溶剂的互溶性，不相混溶的溶剂不能用作梯度洗脱的流动相。有些溶剂在一定比例内混溶，超出范围后就不混溶，使用时更要引起注意。当有机溶剂和缓冲液混合时，还可能析出盐的晶体，尤其是使用磷酸盐时需特别小心。②梯度洗脱所用的溶剂纯度要求更高，以保证良好的重现性。进行样品分析前必须进行空白梯度洗脱，以辨认溶剂杂质峰，因为弱溶剂中的杂质富集在色谱柱头后会被强溶剂洗脱下来。用于梯度洗脱的溶剂需彻底脱气，以防止混合时产生气泡。③混合溶剂的黏度常随组成而变化，因而在梯度洗脱时常出现压力的变化。例如甲醇和水的黏度都较小，当二者以相近比例混合时黏度增大很多，此时的柱压大约是甲醇或水为流动相时的两倍。因此要注意防止梯度洗脱过程中压力超过输液泵或色谱柱能承受的最大压力。④每次梯度洗脱之后必须对色谱柱进行再生处理，使其恢复到初始状态。需让 10 ～ 30 倍柱容积的初始流动相流经色谱柱，使固定相与初始流动相达到完全平衡。

（二）进样器

早期使用隔膜和停流进样器，装在色谱柱入口处。现在大都使用六通进样阀或自动进样器。进样装置要求密封性好，死体积小，重复性好，保证中心进样，进样时对色谱系统的压力、流量影响小。HPLC 进样方式可分为隔膜进样、停流进样、阀进样、自动进样。

1. 隔膜进样

用微量注射器将样品注入专门设计的与色谱柱相连的进样头内，可把样品直接送到柱头填充床的中心，其体积几乎等于零，可以获得最佳的柱效，且价格便宜，操作方便。但不能在高压下使用（如 10 兆帕以上）；此外，隔膜容易吸附样品产生记忆效应，使进样重复性只能达到 1% ～ 2%，加之能耐各种溶剂的橡

皮材料不易找到，常规分析使用受到限制。

2. 停流进样

停流进样可避免在高压下进样，但在 HPLC 中由于隔膜的污染，停泵或重新启动时往往会出现“鬼峰”；其另一个缺点是保留时间不准。停流进样在以峰的始末信号控制馏分收集的制备色谱中，效果较好。

3. 阀进样

一般 HPLC 分析常用六通进样阀，其关键部件由圆形密封垫（转子）和固定底座（定子）组成。由于阀接头和连接管死体积的存在，柱效率低于隔膜进样（下降 5% ～ 10%），但耐高压（35 ～ 40 兆帕），进样量准确，重复性好（0.5%），操作方便。六通阀的进样方式有部分装液法和完全装液法两种。①用部分装液法进样时，进样量应不大于定量环体积的 50%（最多 75%），并要求每次进样体积准确、相同。此法进样的准确度和重复性取决于注射器取样的熟练程度，而且易产生由进样引起的峰展宽。②用完全装液法进样时，进样量应不小于定量环体积的 5 ～ 10 倍（最少 3 倍），这样才能完全置换定量环内的流动相，消除管壁效应，确保进样的准确度及重复性。

通阀使用和维护注意事项：样品溶液进样前必须用 0.22 皮米或 0.45 微米滤膜过滤，以减少微粒对进样阀的磨损；转动阀芯时不能太慢，更不能停留在中间位置，否则流动相受阻，使泵内压力剧增，甚至超过泵的最大压力，再转到进样位时，过高的压力将使柱头损坏；为防止缓冲液和样品残留在进样阀中，每次分析结束后应冲洗进样阀，通常可用水冲洗，或先用能溶解样品的溶剂冲洗，再用水冲洗。

4. 自动进样

自动进样以美国的 Waters 公司和 Agilent 公司生产的液相为主，用于大量样品的常规分析，像 1290 型 Agilent 高效液相，最多可以进样 108 个样品，具有连续进样、省时省力和灵敏度高等特点。

（三）色谱柱

色谱是一种分离分析手段，分离是核心，因此担负分离作用的色谱柱是色谱系统的心脏。对色谱柱的要求是柱效高、选择性好、分析速度快等。市售的用于

HPLC的各种微粒填料如多孔硅胶以及以硅胶为基质的键合相、氧化铝、有机聚合物微球（包括离子交换树脂）、多孔炭等，其粒度一般为3微米、5皮米、7微米、10皮米等，柱效理论值可达5万～16万塔板/米。对于一般的分析只需5 000塔板数的柱效；对于同系物分析，只要500即可；对于较难分离物质对则可采用高达2万的柱子，因此，一般10～30厘米的柱长就能满足复杂混合物分析的需要。柱效受柱内外因素的影响，为使色谱柱达到最佳效率，除柱外死体积要小外，还要有合理的柱结构（尽可能减少填充床以外的死体积）及装填技术。即使是最好的装填技术，在柱中心部位和沿管壁部位的填充情况总是不一样的，靠近管壁的部位比较疏松，易产生沟流，流速较快，影响冲洗剂的流形，使谱带加宽，这就是管壁效应。这种管壁区大约是从管壁向内算起30倍粒径的厚度。在一般的液相色谱系统中，柱外效应对柱效的影响远远大于管壁效应。

1. 柱的构造

色谱柱由柱管、压帽、卡套（密封环）、筛板（滤片）、接头、螺钉等组成。柱管多用不锈钢制成，压力不高于70千克/平方厘米时，也可采用厚壁玻璃或石英管，管内壁要求有很高的光洁度。为提高柱效，减小管壁效应，不锈钢柱内壁多经过抛光。也有人在不锈钢柱内壁涂敷氟塑料以提高内壁的光洁度，其效果与抛光相同。还有使用熔融硅或玻璃衬里的，用于细管柱。色谱柱两端的柱接头内装有筛板，是烧结不锈钢或钛合金，孔径0.2～20皮米（5～10微米），取决于填料粒度，目的是防止填料漏出。色谱柱按用途可分为分析型和制备型两类，尺寸规格也不同：常规分析柱（常量柱），内径2～5毫米（常用4.6毫米，国内有4毫米和5毫米），柱长10～30厘米；窄径柱 [narrowbore，又称细管径柱、半微柱（semi-microcolumn）]，内径1～2毫米，柱长10～20厘米；毛细管柱（又称微柱，microcolumn），内径0.2～0.5毫米；半制备柱，内径＞5毫米；实验室制备柱，内径20～40毫米，柱长10～30厘米；生产制备柱内径可达几十厘米。柱内径一般是根据柱长、填料粒径和折合流速来确定的，目的是避免管壁效应。

2. 柱的发展方向

因强调分析速度而发展出短柱，柱长3～10厘米，填料粒径2～3毫米。为提高分析灵敏度，与质谱（MS）联用，从而发展出窄径柱、毛细管柱和内径小于 0.2 毫米的微径柱（microbore）。细管径柱的优点是：节省流动相；灵敏度增加；样品量少；能使用长柱达到高分离度；容易控制柱温；易于实现 LC-MS 联用。但由于柱体积越来越小，柱外效应的影响就更加显著，需要更小池体积的检测器（甚至采用柱上检测）、更小体积的柱接头和连接部件。配套使用的设备应具备如下性能：输液泵能精密输出 1 ～ 100 皮升 / 分钟的低流量，进样阀能准确、重复地加入微小体积的样品。且因上样量小，要求高灵敏度的检测器，电化学检测器和质谱仪在这方面具有突出优势。

3. 柱的填充和性能评价

色谱柱的性能除了与固定相的性能有关外，还与填充技术有关。在正常条件下，填料粒度＞ 20 微米时，干法填充制备柱较为合适；颗粒≤ 20 微米时，湿法填充较为理想。填充方法一般有 4 种：高压匀浆法，多用于分析柱和小规模制备柱的填充；径向加压法，Waters 专利；轴向加压法，主要用于装填大直径柱；干法，柱填充的技术性很强，大多数实验室使用已填充好的商品柱。必须指出，高效液相色谱柱的获得，装填技术是重要环节，但根本问题还在于填料本身性能的优劣，以及配套的色谱仪系统的结构是否合理。无论是自已装填的色谱柱还是购买的色谱柱，使用前都要对其性能进行考察，使用期间或放置一段时间后也要重新检查。柱性能指标包括在一定实验条件下（样品、流动相、流速、温度）的柱压、理论塔板高度和塔板数、对称因子、容量因子和选择性因子的重复性或分离度。一般来说，容量因子和选择性因子的重复性在 ± 5% 或 ± 10% 以内。进行柱效比较时，还要注意柱外效应是否有变化。一份合格的色谱柱评价报告应给出柱的基本参数，如柱长、内径、填料的种类、粒度、色谱柱的柱效、不对称度和柱压降等。

4. 柱的使用和维护注意事项

通常色谱柱的寿命在正确使用时可达 2 年以上。以硅胶为基质的填料，只能在 pH 值 2 ～ 9 范围内使用。柱子使用一段时间后，可能有一些吸附作用强的物质保留于柱顶，特别是一些被吸附在柱顶的填料上的有色物质更易看清。新的色谱柱在使用一段时间后柱顶填料可能塌陷，使柱效下降，这时也可补加填料使柱效恢复。色谱柱的正确使用和维护十分重要，稍有不慎就会降低柱效、缩短使用寿命甚至损坏。在色谱操作过程中，需要注意下列问题。①避免压力和温度的急剧变化及任何机械振动。温度的突然变化或者使色谱柱从高处掉下都会影响柱内的填充状况，柱压的突然升高或降低也会冲动柱内填料，因此在调节流速时应该缓慢进行，在阀进样时阀的转动不能过缓（如前所述）。②应逐渐改变溶剂的组成，特别是在反相色谱中，不应直接把有机溶剂全改变为水，反之亦然。③一般来说色谱柱不能反冲，只有生产者指明该柱可以反冲时，才可以反冲除去留在柱头的杂质；否则反冲会迅速降低柱效。④选择使用适宜的流动相（尤其是pH值），以避免固定相被破坏。有时可以在进样器前面连接一个预柱，分析柱是键合硅胶时，预柱为硅胶，可使流动相在进入分析柱之前预先被硅胶“饱和”，避免分析柱中的硅胶基质被溶解。⑤避免将基质复杂的样品尤其是生物样品直接注入柱内，需要对样品进行预处理或者在进样器和色谱柱之间连接保护柱。保护柱一般是填有相似固定相的短柱。保护柱可以而且应该经常更换。⑥经常用强溶剂冲洗色谱柱，清除保留在柱内的杂质。在进行清洗时，对流路系统中流动相的置换应以相混溶的溶剂逐渐过渡，每种流动相的体积应是柱体积的20倍左右，即常规分析需要50～75毫升。部分色谱柱的清洗溶剂及顺序举例：硅胶柱以正已烷（或庚烷）、二氯甲烷和甲醇依次冲洗，然后再以相反顺序依次冲洗，所有溶剂都必须严格脱水。甲醇能洗去残留的强极性杂质，已烷使硅胶表面重新活化。反相柱以水、甲醇、乙腈、一氯甲烷（或氯仿）依次冲洗，再以相反顺序依次冲洗。如果下一步分析用的流动相不含缓冲液，那么可以省略最后用水冲洗这一步。此外，用乙腈、丙酮和三氟乙酸（0.1%）梯度洗脱能除去蛋白质污染。⑦保存色谱柱时应将柱内充满乙腈或甲醇，柱接头要拧紧，以防溶剂挥发干燥。绝对禁止将缓冲溶液留在柱内静置过夜或更长时间。

（四）检测器

检测器是HPLC的三大关键部件之一。其作用是把洗脱液中组分的量转变为电信号。HPLC的检测器要求灵敏度高、噪声低（对温度、流量等外界变化不敏感）、线性范围宽、重复性好和适用范围广。

1. 分类

按原理划分，检测器可分为：光学检测器（如紫外、荧光、示差折光、燕发光散射），热学检测器（如吸附热），电化学检测器（如极谱、库仑、安培），电学检测器（电导、介电常数、压电石英频率），放射性检测器（闪烁计数、电子捕获、氦离子化）以及氢火焰离子化检测器。

按测量性质划分，检测器可分为通用型和专属型（又称选择性）。通用型检测器测量的是一般物质均具有的性质，它对溶剂和溶质组分均有反应，如示差折光、蒸发光散射检测器。通用型的灵敏度一般比专属型的低。专属型检测器只能检测某些组分的某一性质，如紫外、荧光检测器，它们只对有紫外吸收或荧光发射的组分有响应。

按检测方式划分，检测器可分为浓度型和质量型。浓度型检测器的响应与流动相中组分的浓度有关，质量型检测器的响应与单位时间内通过检测器的组分的量有关。

2. 性能指标

噪声和漂移：在仪器稳定之后，记录基线 1 小时，基线带宽为噪声，基线在 1 小时内的变化为漂移。它们反映检测器电子元件的稳定性及其受温度和电源变化的影响，如果有流动相从色谱柱流入检测器，那么它们还反映流速（泵的脉动）和溶剂（纯度、含有气泡、固定相流失）的影响。噪声和漂移都会影响测定的准确度，应尽量减小。

灵敏度：灵敏度表示一定量的样品物质通过检测器时所给出的信号大小。对浓度型检测器，它表示单位浓度的样品所产生的电信号的大小，单位为毫伏 • 毫升 / 克。对质量型检测器，它表示在单位时间内通过检测器的单位质量的样品所产生的电信号的大小，单位为毫伏 • 秒 / 克。

检测限：检测器灵敏度的高低，并不等于它检测最小样品量或最低样品浓度能力的高低，因为在定义灵敏度时，没有考虑噪声的大小，而检测限与噪声的大小是直接有关的。检测限指恰好产生可辨别的信号（通常用 2 倍或 3 倍噪声表示）时进入检测器的某组分的量（对浓度型检测器指在流动相中的浓度——注意与分析方法检测限的区别，单位克 / 毫升或毫克 / 毫升；对质量型检测器指的是单位时间内进入检测器的量，单位克 / 秒或毫克 / 秒），又称为敏感度（detetability）。$D = 2N/S$，式中 N 为噪声，S 为灵敏度。通常是把一个已知量的标准溶液注入检测器中来测定其检测限的大小。检测限是检测器的一个主要性能指标，其数值越小，检测器的性能越好。值得注意的是，分析方法的检测限除了与检测器的噪声和灵敏度有关外，还与色谱条件、色谱柱和泵的稳定性及各种柱外因素引起的峰展宽有关。

线性范围：线性范围指检测器的响应信号与组分量成直线关系的范围，即在固定灵敏度下，最大与最小进样量（浓度型检测器为组分在流动相中的浓度）之比。也可用响应信号的最大与最小的范围表示，例如 Waters 996 PDA 检测器的线性范围是——0.1 ～ 2.0A。定量分析的准确与否，关键在于检测器所产生的信号是否与被测样品的量始终呈一定的函数关系。输出信号与样品量最好呈线性关系，这样进行定量测定时既准确又方便。但实际上没有一台检测器能在任何范围内呈线性响应。通常 $A=BCx$，B 为响应因子，当 $x=1$ 时，为线性响应。对大多数检测器来说，x 只在一定范围内才接近于 1，实际上通常只要 $x=0.98 \sim 1.02$ 就认为它是呈线性的。线性范围一般可通过实验确定。我们希望检测器的线性范围尽可能大些，能同时测定主成分和痕量成分。此外，还要求池体积小，受温度和流速的影响小，能适合梯度洗脱检测等。

池体积：除制备色谱外，大多数 HPLC 检测器的池体积都小于 10 皮升。在使用细管径柱时，池体积应减少到 1 ～ 2 微升甚至更低，不然检测系统带来的峰扩张问题就会很严重。而且这时池体、检测器与色谱柱的连接、接头等都要精心设计，否则会严重影响柱效和灵敏度。

3. 紫外（UV）检测器

紫外检测器是 HPLC 中应用最广泛的检测器，当检测波长范围包括可见光时，又称为紫外 - 可见检测器。它的灵敏度高，噪声低，线性范围宽，对流速和温度均不敏感，可用于制备色谱。由于灵敏度高，因此即使是那些光吸收小、消光系数低的物质也可用紫外检测器进行微量分析。但要注意流动相中各种溶剂的紫外吸收截止波长。如果溶剂中含有吸光杂质，则会提高背景噪声，降低灵敏度（实际是提高检测限）。此外，梯度洗脱时，还会产生漂移。

（五）数据处理和计算机控制系统

早期的 HPLC 是用记录仪记录检测信号，再手工测量计算。其后，使用积分仪计算并打印出峰高、峰面积和保留时间等参数。20 世纪 80 年代后，计算机技术的广泛应用使 HPLC 操作更加快速、简便、准确、精密和自动化，现在已可在互联网上远程处理数据。计算机的用途包括三个方面：采集、处理和分析数据；控制仪器；色谱系统优化和专家系统。

（六）恒温装置

在 HPLC 中色谱柱及某些检测器都要求能准确地控制工作环境温度，柱子的恒温精度要求在 ±（0.1 ～ 0.5）℃，检测器的恒温要求则更高。温度对溶剂的溶解能力、色谱柱的性能、流动相的黏度都有影响。一般来说，温度升高，可提高溶质在流动相中的溶解度，从而降低其分配系数 K，但对分离选择性的影响不大；还可使流动相的黏度降低，从而改善传质过程并降低柱压。但温度太高易使流动相产生气泡。色谱柱的不同工作温度对保留时间、相对保留时间都有影响。在凝胶色谱中使用软填料时温度会引起填料结构的变化，对分离有影响；但若使用硬质填料则影响不大。总的说来，在液 - 固吸附色谱法和化学键合相色谱法中，温度对分离的影响并不显著，通常实验在室温下进行操作。在液 - 固色谱中有时将极性物质（如缓冲剂）加入流动相中以调节其分配系数，这时温度对保留值的影响很大。不同的检测器对温度的敏感度不一样。紫外检测器一般在温度波动超过 ±0.5℃时，就会造成基线漂移起伏。示差折光检测器的灵敏度和最小检出量常取决于温度控制精度，因此需控制在 ±0.001℃，微吸附热检测器也要求在 ±0.001℃以内。

三、高效液相色谱的原理

（一）基本概念和术语

1. 色谱图和峰参数色谱图（chromatogram）

样品流经色谱柱和检测器，所得到的信号时间曲线，又称色谱流出曲线（elution profile）。

基线（baseline）：基线是指经流动相冲洗，柱与流动相达到平衡后，检测器测出一段时间的流出曲线。一般应平行于时间轴。

噪声（noise）：噪声是指基线信号的波动。通常由电源接触不良或瞬时过载、检测器不稳定、流动相含有气泡或色谱柱被污染所致。

漂移（drift）：漂移是指基线随时间的缓缓变化。漂移主要由操作条件如电压、温度、流动相及流量的不稳定所引起，柱内的污染物或固定相不断被洗脱下来也会产生漂移。

色谱峰（peak）：色谱峰是指组分流经检测器时响应的连续信号产生的曲线上的凸起部分。正常色谱峰近似于对称形正态分布曲线（高斯曲线）。不对称色谱峰有两种：前延峰（leading peak）和拖尾峰（tailing peak）。前者少见。

拖尾因子（tailing factor，T）：用以衡量色谱峰的对称性，也称为对称因子（symmetry factor）或不对称因子（asymmetry factor）。《中国药典》规定 T 应为 0.95 ～ 1.05。T ＜ 0.95 为前延峰，T ＞ 1.05 为拖尼峰。

峰底：基线上峰的起点至终点的距离。峰高（peak height，h）：峰的最高点至峰底的距离。

峰宽（peak width，W）：峰两侧拐点处所作两条切线与基线的两个交点间的距离。$W = 4\sigma$。

半峰宽（peak width at half-height，Wn）：峰高一半处的峰宽。Wnr = 2.355 σ 。

标准偏差（standard deviation，σ）：正态分布曲线工 = ± 1 时（拐点）的峰宽之半。正常峰的拐点在峰高的 0.607 倍处。标准偏差的大小说明组分在流出色谱柱过程中的分散程度。σ 小，分散程度小、极点浓度高、峰形瘦、柱效高；反之，σ 大，峰形胖、柱效低。

峰面积（peak area，A）：峰与峰底所包围的面积。$A=2.507\sigma h$。

2. 定性参数（保留值）

死时间（dead time，t_0）：不保留组分的保留时间，即流动相（溶剂）通过色谱柱的时间。在反相 HPLC 中可用苯磺酸钠来测定死时间。

死体积（deadvolume，V_0）：由进样器进样口到检测器流动池未被固定相所占据的空间。它包括四个部分：进样器至色谱柱管路体积、柱内固定相颗粒间隙（被流动相占据，Vm）、柱出口管路体积、检测器流动池体积。其中只有 Vm 参与色谱平衡过程，其他三个部分只起峰扩展作用。为防止峰扩展，这三个部分体积应尽量减小。V_0= Ft（F 为流速）。

保留时间（retention time，tp）：从进样开始到某个组分在柱后出现浓度极大值的时间。

保留体积（retention volume，V）：从进样开始到某组分在柱后出现浓度极大值时流出溶剂的体积，又称洗脱体积。VR=Fipo。

调整保留时间（adjusted retention time，tR）：扣除死时间后的保留时间，也称折合保留时间（reduced retention time）。在实验条件（温度、固定相等）一定时，最终取决于组分的性质，因此，tR（或 tR）可用于定性。t'R=tR-l。

调整保留体积（adjusted retention volume，V'R）：扣除死体积后的保留体积。V'R=VR-V_0 或 V'R=F × tR。

3. 柱效参数理论

塔板数（theoretical plate number，N）：用于定量表示色谱柱的分离效率（简称柱效）。N 取决于固定相的种类，性质（粒度、粒径分布等），填充状况，柱长，流动相的种类和流速及测定柱效所用物质的性质。N 与柱长成正比，柱越长，N 越大。用 N 表示柱效时应注明柱长，如果未注明，则表示柱长为 1 米时的理论塔板数（N 一般在 1 000 以上）。

4. 相平衡参数

分配系数（distribution coefficient，K）：在一定温度下，化合物在两相间达到分配平衡时，在固定相与流动相中的浓度之比。分配系数既与组分、流动相和固定相的热力学性质有关，也与温度、压力有关。在不同的色谱分离机制中，K 有不同的概念：吸附色谱法为吸附系数、离子交换色谱法为选择性系数（或称交换系数），凝胶色谱法为渗透参数。但一般情况可用分配系数来表示。在条件（流动相、固定相、温度和压力等）一定、样品浓度很低（Cs、Cm 很小）时，K 只取决于组分的性质，而与浓度无关。这只是理想状态下的色谱条件，在这种条件下，得到的色谱峰为正常峰；在许多情况下，随着浓度的增大，K 减小，这时色谱峰为拖尾峰；而有时随着溶质浓度的增大，K 也增大，这时色谱峰为前延峰。因此，只有尽可能减少进样量，使组分在柱内的浓度降低，K 恒定，才能获得正常峰。在同一色谱条件下，样品中 K 值大的组分在固定相中的滞留时间长，后流出色谱柱；K 值小的组分则滞留时间短，先流出色谱柱。混合物中各组分的分配系数相差越大，越容易分离，因此，混合物中各组分的分配系数不同是色谱分离的前提。在 HPLC 中，固定相确定后，K 主要受流动相的性质影响。实践中主要靠调整流动相的组成配比及 pH 值，以获得组分间的分配系数差异及适宜的保留时间，来达到分离的目的。

容量因子（capacity factor，k）：化合物在两相间达到分配平衡时，在固定相与流动相中的量之比。容量因子也称质量分配系数。容量因子与分配系数的不同点是：K 取决于组分、流动相、固定相的性质及温度，而与体积 Vs、Vm 无关；k 除了与性质及温度有关外，还与 Vs、Vm 有关。由于 $t'R$、t_0 较 Vs、Vm 易于测定，所以容量因子比分配系数应用更广泛。

选择性因子（selectivity factor，α）：相邻两组分的分配系数或容量因子之比，又称为相对保留时间。要使两组分得到分离，必须使 $\alpha \neq 1$。α 与化合物在固定相和流动相中的分配性质、柱温有关，与柱尺寸、流速、填充情况无关。从本质上来说，α 的大小表示两组分在两相间的平衡分配热力学性质的差异，即分子间相互作用力的差异。

5. 分离参数

分离度（resolution，R）：相邻两峰的保留时间之差与平均峰宽的比值，也叫分辨率，表示相邻两峰的分离程度。当 R=1 时，称为 4σ 分离，两峰基本分离，裸露峰面积为 95.4%，内侧峰基重叠约 2%。当 R=1.5 时，称为 6σ 分离，裸露峰面积为 99.7%。当 $R \geqslant 1.5$ 又称为完全分离，《中国药典》规定 R 应大于 1.5。提高分离度有三种途径。

（1）增加塔板数：方法之一是增加柱长，但这样会延长保留时间、增加柱压；更好的方法是降低塔板高度，提高柱效。

（2）增加选择性：当 $\alpha = 1$ 时，$R = 0$，无论柱效有多高，组分也不可能分离。一般可以采取以下措施来改变选择性：改变流动相的组成及 pH 值；改变柱温；改变固定相。

（3）改变容量因子：这通常是提高分离度最容易的方法，可以通过调节流动相的组成来实现。k 趋于 0 时，R 也趋于 0；k 增大，R 也增大。但 k 不能太大，否则不但分离时间延长，而且峰形变宽，会影响分离度和检测灵敏度。一般 k 在 1 ～ 10 范围内，最好为 2 ～ 5，窄径柱可更小些。

（二）高效液相色谱理论

1. 塔板理论

塔板理论，即色谱热力学平衡理论，是由 Martin 和 Synger 首先提出的。该理论把色谱柱看作分馏塔，把组分在色谱柱内的分离过程看成在分馏塔中的分馏过程，即组分在塔板间隔内的分配平衡过程。该理论假设：色谱柱内存在许多塔板，组分在塔板间隔（塔板高度）内完全服从分配定律，并很快达到分配平衡；样品加在第 0 号塔板上，样品沿色谱柱轴方向的扩散可以忽略；流动相在色谱柱内间歇式流动，每次进入一个塔板体积；在所有塔板上分配系数相等，与组分的量无关。虽然以上假设与实际色谱过程不符，如色谱过程是一个动态过程，则很难达到分配平衡；组分沿色谱柱轴方向的扩散是不可避免的，但是塔板理论导出了色谱流出曲线方程，成功地解释了流出曲线的形状、浓度极大点的位置，能够评价色谱柱的柱效。理论塔板高度就是指被测组分在两相间达到分配平衡时的塔板高度间隔，以 n 表示。这个理论还假设：在色谱柱中，各段塔板高度间隔都是一样的，如果色谱柱的高度为 L，则一根色谱柱的塔板数目应为：$n=L/H$。式中的 n 被称为理论塔板数，塔板数的多少是分馏塔分离效率高低的标志，对色谱柱而言，塔板数越多，柱效越高。

根据塔板理论，流出曲线可用下述正态分布方程来描述：$C=e$。由色谱流出曲线方程可知：当 $t=t_R$ 时，浓度 C 有极大值，C_{max} 就是色谱峰的峰高。当实验条件一定时（σ 一定），峰高 h 与组分的量 C_0（进样量）成正比，所以正常峰的峰高可用于定量分析；当进样量一定时，σ 越小（柱效越高），峰高越高，因此，提高柱效可以提高 HPLC 分析的灵敏度。由流出曲线方程对 V（0 ～ ∞）求积分，即得出色谱峰面积 $A=2.507\sigma C_{max}=C_{max}$。可见 A 相当于组分进样量 C_0，因此是常用的定量参数。把 $C_{max}=h$ 和 $Wh/2=2.355\sigma$ 代入上式，即得 $A=1.064W_{h/2}h$，此为正常峰的峰面积计算公式。

2. 速率理论（又称随机模型理论）

1956 年，荷兰学者 Van Deemter 等人吸收了塔板理论的概念，并把影响塔板高度的动力学因素结合起来，提出了色谱过程的动力学理论——速率理论。它把色谱过程看作一个动态非平衡过程，研究过程中的动力学因素对峰展宽（柱效）

的影响。后来 Giddings 和 Snyder 等人在 Van Deemter 方程（$H=A+B/u+Cu$，后称气相色谱速率方程）的基础上，根据液体与气体的性质差异，提出了液相色谱速率方程（Giddings 方程）。

影响柱效的因素：

（1）涡流扩散（eddy diffusion）。涡流扩散是指由于色谱柱内填充剂的几何结构不同，分子在色谱柱中的流速不同而引起的峰展宽。涡流扩散项 $A=2\lambda dp$，dp 为填料直径，λ 为填充不规则因子，填充越不均匀 λ 越大。HPLC 常用填料的粒度一般为 3 ～ 10 微米，最好为 3 ～ 5 微米，粒度分布 RSD ≤ 5%。但粒度太小难于填充均匀（λ 大），且会使柱压过高。大而均匀（球形或近球形）的颗粒容易填充规则均匀，λ 越小。总的说来，应采用细而均匀的载体，这样有助于提高柱效。毛细管无填料，$A=0$。

（2）分子扩散（molecular diffusion），又称纵向扩散。由于进样后溶质分子在柱内存在浓度梯度，导致轴向扩散而引起的峰展宽。分子扩散项 $B/u=2rDm/u$。u 为流动相线速率，分子在柱内的滞留时间越长（u 小），展宽越严重。在低流速时，它对峰形的影响较大。Dm 为分子在流动相中的扩散系数，由于液相的 Dm 很小，通常仅为气相的 10°，因此在 HPLC 中，只要流速不太低的话，这一项可以忽略不计。λ 是考虑到填料的存在使溶质分子不能自由地轴向扩散而引入的柱参数，用以对 Dm 进行校正。λ 一般在 0.6 ～ 0.7，毛细管柱的 $r=1$。

（3）传质阻抗（masstransfer resistance）。传质阻抗是指由于溶质分子在流动相、静态流动相和固定相中的传质过程而导致的峰展宽。溶质分子在流动相和固定相中的扩散、分配、转移的过程并不是瞬间达到平衡，实际传质速率是有限的，这一时间上的滞后使色谱柱总是在非平衡状态下工作，从而产生峰展宽。从速率方程式可以看出，要获得高效能的色谱分析，一般可采用以下措施：进样时间要短；填料粒度要小；改善传质过程，过高的吸附作用力可导致严重的峰展宽和拖尾，甚至不可逆吸附；适当的流速，以 H 对 u 作图，则有一最佳线速率 uop，在此线速率时，H 最小。一般在液相色谱中，uopt 很小（0.03 ～ 0.1 毫米 / 秒），在这样的线速率下分析样品需要很长时间，一般来说都选在 1 毫米 / 秒的条件下操作，能有较小的检测器死体积。

3. 色谱分离原理

根据分离机制不同，高效液相色谱法可分为四大基础类型：分配色谱法、吸附色谱法、离子交换色谱法和凝胶色谱法。

（1）分配色谱法。分配色谱法是四种液相色谱法中应用最广泛的一种。它类似于溶剂萃取，溶质分子在两种不相混溶的液相即固定相和流动相之间按照它们的相对溶解度进行分配。一般将分配色谱法分为液 - 液色谱和键合相色谱两类。液 - 液色谱的固定相是通过物理吸附的方法将液相固定相涂于载体表面。在液 - 液色谱中，为了尽量减少固定相的流失，选择的流动相与固定相的极性差别很大。

①液 - 液色谱。按固定相和流动相的极性不同，可分为正相色谱法（NPC）和反相色谱法（RPC）。正相色谱法：采用极性固定相（如聚乙二醇、氨基与氰基键合相）；流动相为相对非极性的疏水性溶剂（烷烃类如正己烷、环己烷），常加入乙醇、异丙醇、四氢呋喃、三氯甲烷等以调节组分的保留时间，常用于分离中等极性和极性较强的化合物（如酚类、胺类、羰基类及氨基酸类等）。反相色谱法：一般用非极性固定相（如 Cs、C）；流动相为水或缓冲液，常加入甲醇、乙腈、异丙醇、丙酮、四氢呋喃等与水互溶的有机溶剂以调节保留时间，适用于分离非极性和极性较弱的化合物。RPC 在现代液相色谱中的应用最为广泛，据统计，它占整个 HPLC 应用的 80% 左右。随着柱填料的快速发展，反相色谱法的应用范围逐渐扩大，现已应用于某些无机样品或易解离样品的分析。为控制样品在分析过程的解离，常用缓冲液控制流动相的 pH 值。但需要注意的是，一般的 C1s 和 C 使用的 pH 值通常为 2 ～ 8，太高的 pH 值会使硅胶溶解，太低的 pH 值会使键合的烷基脱落；但也有新液相色谱柱可在 pH1 ～ 14 范围操作。当极性为中等时正相色谱法与反相色谱法没有明显的界限（如氨基键合固定相）。

②键合相色谱。键合相色谱是指通过化学反应将有机分子键合在载体或硅胶表面上形成固定相。目前，键合固定相一般采用硅胶为基体，利用硅胶表面的硅醇基与有机分子之间成键，即可得到各种性能的固定相。一般来说，键合的有机基团主要有两类：疏水基团、极性基团。疏水基团有不同链长的烷烃和苯基等。极性基团有丙氨基、氰乙基、二醇基、氨基等。与液 - 液色谱类似，键合相色谱也分为正相键合相色谱和反相键合相色谱。在分配色谱中，对于固定相和流动相

的选择，必须综合考虑溶质、固定相和流动相三者之间分子的相互作用力才能获得好的分离。三者之间的相互作用力可用相对极性来定性地说明。分配色谱主要用于分子量低于 5 000，特别是分子量在 1 000 以下的非极性小分子物质的分析和纯化，也可用于蛋白质等生物大分子的分析和纯化，但在分离过程中容易使生物大分子变性失活。

（2）吸附色谱法。吸附色谱又称液 - 固色谱，固定相为固体吸附剂。这些固体吸附剂一般是一些多孔的固体颗粒物质，在它的表面上通常存在吸附点。因此，吸附色谱是根据物质在固定相上的吸附作用不同来进行分离的。分离过程是吸附—解吸附的平衡过程。常用的吸附剂有氧化铝、硅胶、聚酰胺等有吸附活性的物质，其中硅胶的应用最为普遍。适用于分离分子量为 200 ～ 1 000 的组分，大多数用于非离子型化合物，离子型化合物易产生拖尾。液 - 固色谱常用于分离那些溶解在非极性溶剂中、具有中等分子量且为非离子型的试样。此外，液 - 固色谱特别适于分离几何异构体。

（3）离子交换色谱法。离子交换色谱是利用被分离物质在离子交换树脂上的离子交换势不同而使组分分离。一般常用的离子交换剂的基质有三大类：合成树脂、纤维素和硅胶。作为离子交换剂的有阴离子交换剂和阳离子交换剂，它们的功能基团有 $-SO_3H$、-COOH、$-NH_2$ 及 $-N+R_3$。流动相一般为水或含有有机溶剂的缓冲液。被分离组分在色谱柱上分离的原理是树脂上可电离离子与流动相中具有相同电荷的离子及被测组分的离子进行可逆交换，根据各离子与离子交换基团具有不同的电荷吸引力而分离。被分离组分在离子交换柱中的保留时间除与组分离子与树脂上的离子交换基团的作用强弱有关外，它还受流动相的 pH 值和离子强度的影响。pH 值可改变化合物的解离程度，进而影响其与固定相的作用。流动相的盐浓度大，则离子强度高，不利于样品的解离，导致样品较快流出。离子交换色谱适于分离离子化合物、有机酸和有机碱等能电离的化合物和能与离子基团相互作用的化合物。它不仅广泛应用于有机物质，而且广泛应用于生物物质的分离，如氨基酸、核酸、蛋白质、维生素等。

（4）凝胶色谱法。凝胶色谱又称尺寸排斥色谱。与其他液相色谱方法不同，它是基于试样分子的尺寸大小和形状不同来实现分离的。凝胶的空穴大小与被分离的试样分子的大小相当。太大的分子由于不能进入空穴，被排除在空穴之外，随流动相先流出；小分子则进入空穴，与大分子所走的路径不同，最后流出来；中等分子处于两者之间。常用的填料有琼脂糖凝胶、聚丙烯酰胺。流动相可根据载体和试样的性质，选用水或有机溶剂。凝胶色谱的分辨力强，不会引起变性，可用于分离分子量高（＞2 000）的化合物，如组织提取物、多肽、蛋白质、核酸等，但其不适于分离分子量相似的试样。

从应用的角度讲，以上四种基本类型的色谱法实际上是相互补充的。对于分子量大于 10 000 的物质的分离主要适合选用凝胶色谱；低分子量的离子化合物的分离较适合选用离子交换色谱；对于极性小的非离子化合物最适用分配色谱；而对于要分离非极性物质、结构异构，以及从脂肪醇中分离脂肪族化合物等最好要选用吸附色谱。综上所述，高效液相色谱作为物质分离的重要工具，在各个方面都取得了很大的发展，出现了许多新型色谱。在分配机制方面，亲和色谱则是根据另一类分配机制而进行分离的新型色谱，它是利用生物大分子与其相应互补体间特异识别能力进行多次差别分离的一种色谱，具有选择性高、操作条件温和的特点。在流动相方面，超临界流体色谱以超临界流体为流动相。混合物在超临界流体色谱上的分离机理与气相色谱及液相色谱一样，即基于各化合物在两相间的分配系数不同而得到分离。超临界流体色谱融合了气相色谱和液相色谱的一些特征，具有比气相色谱和液相色谱更广泛的应用范围。在固定相方面，高分子手性固定相实现了手性药物的分离。同时，近年来，为了使物质的检测更加准确方便，出现了各种 HPLC 串联技术。以 HPLC-MS 为例，它结合了 HPLC 对样品高分离能力和 MS（质谱法）能提供分子量与结构信息的优点，在药物、食品、环境分析等领域发挥作用，提供可靠的数据。

第二节　分离条件的选择

一、基质 HPLC

填料可以是陶瓷性质的无机物基质，也可以是有机聚合物基质。无机物基质主要是硅胶和氧化铝。无机物基质刚性大，在溶剂中不易膨胀。有机聚合物基质

主要有交联苯乙烯 - 二乙烯苯、聚甲基丙烯酸酯。有机聚合物基质刚性小、易压缩，溶剂或溶质容易渗入有机基质中，导致填料颗粒膨胀，结果减少传质，最终使柱效降低。

（一）基质的种类

1. 硅胶

硅胶是 HPLC 填料中最普遍的基质。除具有高强度外，还提供了一个表面，可以通过成熟的硅烧化技术键合上各种配基，制成反相、离子交换、疏水作用、亲水作用或分子排阻色谱用填料。硅胶基质填料适用于广泛的极性和非极性溶剂。缺点是在碱性水溶性流动相中不稳定。通常，硅胶基质填料的常规分析 pH 值范围为 2 ～ 8。硅胶的主要性能参数有：比表面积，在液 - 固吸附色谱法中，硅胶的比表面积越大，溶质的 k 值越大；含碳量及表面覆盖度（率），在反相色谱法中含碳量越大，溶质的 k 值越大；含水量及表面活性，在液 - 固吸附色谱法中硅胶的含水量越小，其表面硅醇基的活性越强，对溶质的吸附作用越大；端基封尾，在反相色谱法中，主要影响碱性化合物的峰形；几何形状，硅胶可分为无定形全多孔硅胶和球形全多孔硅胶，前者的价格较便宜，缺点是涡流扩散项及柱渗透性差，后者无此缺点；硅胶纯度，对称柱填料使用高纯度硅胶，柱效高，寿命长，碱性成分不拖尾。

2. 氧化铝

氧化铝具有与硅胶同样良好的物理性质，也能耐较大的 pH 值范围。它也是刚性的，不会在溶剂中收缩或膨胀。但与硅胶不同的是，氧化铝键合相在水性流动相中不稳定。不过现在已经出现了在水相中稳定的氧化铝键合相，并显示出优秀的 pH 稳定性。

3. 聚合物

以高交联度的苯乙烯 - 二乙烯苯或聚甲基丙烯酸酯为基质的填料是用于普通压力下的 HPLC，它们的疏水性强，压力限度比无机填料低。使用任何流动相，在整个 pH 值范围内稳定，可以用 NaOH 或强碱来清洗色谱柱。甲基丙烯酸酯基质本质上比苯乙烯 - 二乙烯苯的疏水性更强，但它可以通过适当的功能基修饰变成亲水性的。这种基质不如苯乙烯 - 二乙烯苯那样耐酸碱，但也可以承受在 pH

值为 13 下反复冲洗。所有聚合物基质在流动相发生变化时都会出现膨胀或收缩。用于 HPLC 的高交联度聚合物填料，其膨胀和收缩要有限制。溶剂或小分子容易渗入聚合物基质中，因为小分子在聚合物基质中的传质比在陶瓷性基质中慢，所以造成小分子在这种基质中的柱效低。对于大分子像蛋白质或合成的高聚物，聚合物基质的效能比得上陶瓷性基质。因此，聚合物基质广泛用于分离大分子物质。

（二）基质的选择

硅胶基质的填料被用于大部分的 HPLC 分析，尤其是小分子量的被分析物，聚合物填料用于大分子量的被分析物质，主要用来制成分子排阻和离子交换柱。另外，《美国药典》对色谱法规定较严，它规定了柱的长度、填料的种类和粒度，填料分类也较详细，这使色谱图易于重现；而《中国药典》仅规定了填料种类，未规定柱的长度和粒度，这使检验人员难于重现实验，在某些情况下还会浪费时间和试剂。

二、化学键

合固定相将有机官能团通过化学反应共价键合到硅胶表面的游离羟基上而形成的固定相称为化学键合相。这类固定相的突出特点是耐溶剂冲洗，并且可以通过改变键合相有机官能团的类型来改变分离的选择性。

（一）键合相的性质

固定相又分为两类，一类是使用最多的微粒硅胶，另一类是使用较少的高分子微球。后者的优点是强度大，呈化学惰性，使用 pH 值范围大，pH=1 ～ 14；缺点是柱效较低，常用于离子交换色谱和凝胶色谱。目前，化学键合相广泛采用微粒多孔硅胶为基体，用烷烃二甲基氯硅烷或烷氧基硅烷与硅胶表面的游高硅醇基反应，形成 Si-O-Si-C 键形的单分子膜而制得。硅胶表面的硅醇基密度约为 5 个 / 平方纳米，由于空间位阻效应（不可能将较大的有机官能团键合到全部硅醇基上）和其他因素的影响，使得 40% ～ 50% 的硅醇基未反应。残余的硅醇基对键合相的性能有很大影响，特别是对非极性键合相，它可以减小键合相表面的疏水性，对极性溶质（特别是碱性化合物）产生次级化学吸附，从而使保留机制复杂化（使溶质在两相间的平衡速率减慢，降低了键合相填料的稳定性，导致碱性组分的峰形拖尾）。为尽量减少残余硅醇基，一般在键合反应后，要用三甲基氯、硅烷（TMCS）等进行钝化处理，即封端（又称封尾、封顶，end-eapping），以提高键合相的稳定性。由于不同生产厂家所用的硅胶、硅烷化试剂和反应条件不同，因此具有相同键合基团的键合相，其表面有机官能团的键合量往往差别很大，其产品性能有很大的不同。键合相的键合量常用含碳量（%）来表示，也可以用覆盖度来表示。覆盖度是指参与反应的硅醇基数目占硅胶表面硅醇基总数的比例。pH 值对以硅胶为基质的键合相的稳定性有很大的影响，一般来说，硅胶键合相应在 pH=2 ～ 8 的介质中使用。若过碱（pH ＞ 8），硅胶会粉碎或溶解；若过酸（pH ＜ 2），键合相的化学键会断裂。最常用的“万能柱”填料为“Ca”，即十八烷基硅烷键合硅胶填料（octadecylsilyl，ODS）。这种填料在反相色谱中发挥着极为重要的作用，它可完成高效液相色谱 70% ～ 80% 的分析任务。由于 Cs 是长链烷基键合相，有较高的碳含量和更好的疏水性，对各种类型的生物大分子有更强的适应能力，因此在生物化学分析工作中应用得最为广泛。近年来，为适应氨基酸、小肽等生物分子的分析任务，又发展了 CH、SC、C 等短链烷基键合相和大孔硅胶（20 ～ 40 皮秒）。

（二）键合相的种类

化学键合相按键合官能团的极性分为极性键合相和非极性键合相两种。常用的极性键合相主要有氰基（-CN）、氨基（-NH，）和二醇基（DIOL）键合相。极性键合相常用于正相色谱，混合物在极性键合相上的分离主要是基于极性键合基团与溶质分子间的氢键作用，极性强的组分保留值较大。极性键合相有时也可作反相色谱的固定相。常用的非极性键合相主要有各种烷基和苯基、苯甲基等，其应用最广。非极性键合相的烷基链长对样品容量、溶质的保留值和分离选择性都有影响。一般来说，样品容量随烷基链长的增加而增大，且长链烷基可使溶质的保留值增大，并可改善分离的选择性：但短链烷基键合相具有较高的覆盖度，分离极性化合物时可得到对称性较好的色谱峰。苯基键合相与矩链烷基键合相的性质相似。另外，C 柱的稳定性较高，这是由于长的烷基链保护了硅胶基质的缘故，但 C 基团的空间体积较大，使有效孔径变小，分离大分子化合物时柱效较低。

三、流动相

（一）流动相的性质要求

理想的液相色谱流动相溶剂应具有黏度低、与检测器兼容性好、易于得到纯晶和低毒性等特征。强溶剂使溶质在填料表面的吸附减少，相应的容量因子 k 降低；而较弱的溶剂使溶质在填料表面吸附增加，相应的容量因子 k 升高。因此，k 值是流动相组成的函数。塔板数 N 一般与流动相的黏度成反比。所以选择流动相时应考虑以下几个方面。

（1）在选择流动相时，一般采用色谱纯试剂，必要时需进一步纯化，以除去有干扰的杂质。因为在色谱柱整个使用期间，流过色谱柱的溶剂是大量的，如溶剂不纯，则长期积累杂质而导致检测器噪声增加。

（2）流动相应不改变填料的任何性质。低交联度的离子交换树脂和排阻色谱填料有时遇到某些有机相会溶胀或收缩，从而改变色谱柱填床的性质。碱性流动相不能用于硅胶柱系统。酸性流动相不能用于氧化铝、氧化镁等吸附剂的柱系统。

（3）流动相必须与检测器匹配。使用 UV 检测器时，所用流动相在检测波长下应没有吸收或吸收很小。当使用示差折光检测器时，应选择折光系数与样品差别较大的溶剂作为流动相，以提高灵敏度。

（4）流动相的黏度要低。高黏度溶剂会影响溶质的扩散、传质，降低柱效，还会使柱压降增加，使分离时间延长。最好选择沸点在 100℃以下的流动相。

（5）流动相对样品的溶解度要适宜。如果溶解度欠佳，样品会在柱头沉淀，不但影响纯化分离，而且会使柱子恶化。

（二）流动相的选择

正相色谱的流动相通常采用低极性溶剂如正己烷、苯、氯仿等加适量极性调整剂，如醚、酯、酮、醇和酸等。反相色谱的流动相通常以水作为基础溶剂，再加入一定量的能与水互溶的极性调整剂，如甲醇、乙腈、二氧六环、四氢呋喃等。极性调整剂的性质及其所占的比例对溶质的保留值和分离选择性有显著影响。一般情况下，甲醇 - 水系统已能满足多数样品的分离要求，且流动相的黏度小、价格低，是反相色谱最常用的流动相。但与甲醇相比，乙腈的溶剂强度较高且黏度较小，并可满足在紫外 185 ～ 205 纳米处检测的要求，因此，乙腈 - 水系统要优于甲醇 - 水系统。在分离含极性差别较大的多组分样品时，为了使各组分均有合适的 *k* 值并分离良好，需采用梯度洗脱技术。例如：乙腈的毒性是甲醇的 5 倍，是乙醇的 25 倍。价格是甲醇的 6 ～ 7 倍。

（三）流动相的 pH 值

采用反相色谱法分离弱酸（3 ≤ pKa ≤ 7）或弱碱（7 ≤ pKa ≤ 8）样品时，通过调节流动相的 pH 值，以抑制样品组分的解离，增加组分在固定相上的保留，并改善峰形的技术称为反相离子抑制技术。对于弱酸，流动相的 pH 值越小，组分的 *k* 值越大，当 pH 值远远小于弱酸的 pKa 值时，弱酸主要以分子形式存在；对于弱碱，情况相反。因此，分析弱酸样品时，通常在流动相中加入少量弱酸，常用 50 毫摩尔 / 升磷酸盐缓冲液和 1% 乙酸溶液；分析弱碱样品时，通常在流动相中加入少量弱碱，常用 50 毫摩尔 / 升磷酸盐缓冲液和 30 毫摩尔 / 升三乙胺溶液（流动相中加入有机胺可以减弱贼性溶质与残余硅醇基的强相互作用，减轻或消除峰拖尾现象）。

（四）流动相的脱气

HPLC 所用流动相必须预先脱气，否则容易在系统内逸出气泡，影响泵的工作。气泡还会影响柱的分离效率，影响检测器的灵敏度、基线稳定性，甚至导致无法检测（噪声增大，基线不稳，突然跳动）。此外，溶解气体还会引起溶剂 pH 的变化，给分离或分析结果带来误差。离线（系统外）脱气法不能维持溶剂的脱气状态，在停止脱气后，气体立即开始回到溶剂中。在 1 ～ 4 小时内，溶剂又将被环境气体所饱和。在线（系统内）脱气法无此缺点。最常用的在线脱气方法为鼓泡，即在色谱操作前和进行时，将惰性气体喷入溶剂中。严格来说，此方法不能将溶剂脱气，它只是用一种低溶解度的惰性气体（通常是氦）将空气替换出来。此外还有在线脱气机。溶解氧能与某些溶剂（如甲醇）形成有紫外吸收的络合物，此络合物会提高背景吸收（特别是在 260 纳米以下），并导致检测灵敏度的轻微降低，但更重要的是，会在梯度洗脱时造成基线漂移或形成鬼峰（假峰）。在荧光检测中，溶解氧在一定条件下还会引起猝灭现象，特别是对芳香烃、脂肪醛、酮等。在某些情况下，荧光响应可降低达 95%。在电化学检测中（特别是还原电化学法），氧的影响更大。除去流动相中的溶解氧将大大提高 UV 检测器的性能，也将改善在一些荧光检测应用中的灵敏度。常用的脱气方法有加热煮沸、抽真空、超声、吹氦等。

四、柱温的选择

柱温是最重要的色谱操作条件之一，它直接影响色谱柱的选择性、色谱峰区域展宽和分析速度。柱温不能高于固定相的最高使用温度，否则会造成固定相的大量挥发流失，柱温也不能低于固定相的熔点，以免影响其分配作用。柱温的选择，要依据具体情况而定：若分离是关键，则应采用较低的柱温；若主要研究的是分析速度，则应采用较高的柱温；若既要获得较高的分离度，又要缩短分析时间，一般采用较低的柱温与较低的固定液配比相配合的方法。液相色谱中，一般在室温条件下进行分离分析，适当提高柱温有利于改善传质和提高分析速度。

五、检测器的选择

检测器是液相色谱仪的关键部件之一。理想的检测器应具有灵敏度高、重复性好、响应快、线性范围宽、适用范围广、对流动相温度和流量的变化不敏感、死体积小等特点。在液相色谱中，有两种类型的检测器。一类是溶质型检测器，如紫外检测器、荧光检测器、电化学检测器等，它仅对被分离组分的物理或物理化学特性有响应。紫外检测器具有很高的灵敏度，即使是那些对紫外光吸收较弱的物质也可用来检测。紫外检测器对温度和流速不敏感，可用于梯度洗脱，但不适用于对紫外光完全不吸收的试样。荧光检测器比紫外检测器的灵敏度要高 2 个数量级，许多物质，特别是具有对称共轭结构的有机芳环分子受紫外光激发后，能辐射出比紫外光波长更长的荧光，例如多环芳烃、B 族维生素、黄曲霉素、卟啉类化合物等，许多生化物质包括某些代谢产物、药物、氨基酸、胺类、甾族化合物都可用荧光检测器检测。

第三节　样品的制备

一、样品分类

（一）客观样品

在日常卫生监督管理工作过程中，为掌握食品卫生质量，对食品企业生产销售的食品应进行定期或不定期的抽样检验。这是在未发现食品不符合卫生标准的情况下，按照日常计划在生产单位或零售店进行的随机抽样。这种抽样，有时可发现存在的问题和食品不合格的情况，也可积累资料，客观反映各类食品的卫生质量状况。为此目的而采集供检验的样品称为客观样品。

（二）选择性样品

在卫生检查中发现某些食品可疑或可能不合格，或消费者提供情况或投诉时需要查清的可疑食品和食品原料：发现食品可能有污染，或造成食物中毒的可疑食物；为查明食品污染来源、污染程度和污染范围或食物中毒原因；以及食品卫生监督部门或企业检验机构为查清类似问题而采集的样品，称为选择性样品。

（三）制定食品卫生标准的样品

为制定某种食品卫生标准，选择较为先进、具有代表性的工艺条件下生产的食品进行采样，可在生产单位或销售单位采集一定数量的样品进行检测。

二、采样原则

（一）代表性

在大多数情况下，待鉴定食品不可能全部进行检测，而只能抽取其中的一部分作为样品，通过对样品的检测来推断该食品总体的营养价值或卫生质量。因此，所采的样品应能够较好地代表待鉴定食品各方面的特性。若所采集的样品缺乏代表性，无论其后的检测过程和环节多么精确，其结果都难以反映总体的情况，常会导致错误的判断和结论。

（二）真实性

采样人员应亲临现场采样，以防止在采样过程中作假或伪造样品。所有采样用具都应清洁、干燥、无异味，无污染食品的可能。应尽量避免使用对样品可能造成污染或影响检验结果的采样工具和采样容器。

（三）准确性

性质不同的样品必须分开包装，并应视为来自不同的总体；采样方法应符合要求，采样的数量应满足检验及留样的需要；可根据感官性状进行分类或分档采样；采样记录务必清楚地填写在采样单上，并紧附于样品上。

（四）时性

采样应及时，且采样后也应及时送检。尤其是检测样品中水分、微生物等易受环境因素影响的指标，或样品中含有挥发性物质或易分解破坏的物质时，应及时赴现场采样并尽可能缩短从采样到送检的时间。

三、样品预处理

样品预处理技术（sample pretreatment technology）是指样品的制备和对样品采用合适的分解和溶解方法以及对待测组分进行提取、净化和浓缩的过程，使被测组分转变成可以测定的形式，从而进行定量和定性分析。由于待测组分受其共存组分的干扰或者由于测定方法本身灵敏度的限制以及对待测组分状态的要求，绝大多数化学检测和分析方法要求事先对试样进行有效的、合理的处理。现代分析方法中样品预处理技术的发展趋势是样品预处理速度快、批量大、自动化程度高、成本低、劳动强度低、试剂消耗少、环境污染小、方法准确、可靠等，这也是评价一个样品预处理方法的准则。下面对几种样品预处理方法的原理和应用进行介绍。

（一）固相萃取（SPE）和固相微萃取（SPME）

固相萃取（solid phase extraction，SPE）是20世纪70年代后期发展起来的样品预处理技术，它主要是利用固体吸附剂吸附目标化合物，使之与样品的基体及干扰物质分离，然后用洗脱液洗脱或通过加热解脱，从而达到分离和富集目标化合物的目的。该方法具有回收率高、富集倍数高、有机溶剂消耗量低、操作简便快速和费用低等优点，易于实现自动化并可与其他分析仪器联用。因此，在很多情况下，固相萃取作为制备液体样品优先考虑的方法取代了传统的液 - 液萃取法，如环境水中农药含量的测定、蔬菜和水果中农药残留的测定以及食品中兽药残留的检测。固相微萃取（solid phase microextraction，SPME）的原理是将各类交联键合固定相融溶在具有外套管的注射器内芯棒上，使用时将芯棒推出，浸于粗制样品溶液中，于是待测组分便被吸附在芯棒上，然后将含有样品的针芯棒直接插入气相或液相色谱仪的进样口，被测组分在进样口中被解析下来进入色谱分析仪。该项技术具有操作简单、快速、样品用量小、重现性好和环境友好等特点，并通过利用气相色谱和高效液相色谱等仪器进行后续分析，可实现对多组分样品的快速分离检测。在萃取过程中，还可以通过控制各种萃取参数，实现对痕量被测组分的高重复性、高准确度的测定。

（二）基质固相分散萃取（MSPD）

基质固相分散萃取（matrix solid phase dispersion，MSPD）技术是 1989 年由 Barker 等首次提出并给予理论解释的一种样品预处理技术。基质固相分散技术是将常规的固相分散技术与反相键合填料相结合，组织匀浆、提取和净化在同一操作中完成，使得分析环节大幅减少，操作简化。该技术已在动物兽药残留检测和蔬菜、水果的农药残留分析中得到应用，具有很大的发展潜力。

（三）分子印迹技术（MIP）

分子印迹（molecularly imprinted polymer，MIP）技术源于免疫学的发展，20 世纪 40 年代，著名的诺贝尔奖获得者 Paining 提出了以抗原为模板来合成抗体的理论。1949 年，DiCkey 首先提出了“分子印迹”这一概念，但是直到 1972 年德国的 Wuff 研究小组首次报道了人工合成分子印迹聚合物之后，这项技术才逐渐为人们所认识。分子印迹技术的原理是仿照抗体的形成机理，在模板分子（印迹分子和目标分子）周围形成一个高度交联的刚性高分子，除去模板分子后在聚合物的网络结构中留下了与模板分子在空间结构、尺寸大小和结合位点互补的立体孔穴，从而对模板分子表现出高度的选择性能和识别性能。该技术具有抗恶劣环境、选择性高、稳定性好、机械强度高和制备简单等特点，可选择性识别和富集复杂样品中的目标化合物。因此，分子印迹技术已被广泛应用于固相萃取、固相微萃取和膜萃取等样品预处理技术。

（四）免疫亲和色谱（IAC）

免疫亲和色谱（immun affinity chromatography，IAC）也叫免疫亲和层析，

是一种将免疫反应与色谱分析方法相结合的分析方法，是色谱技术中的一种。这项技术的主要原理是根据抗原抗体的高选择性，利用抗体与其相应抗原的作用具有高度的特异性和高度的结合力等特点，采用适当的方法将抗原或抗体结合到色谱载体上，使其达到从复杂的待测样品中提取目标化合物的目的。具体过程是将抗体与惰性微珠共价结合，然后装柱，将抗原溶液过免疫亲和柱，目标化合物（抗原）被吸附在柱子上，而其他物质则沿柱流下，最后用洗脱缓冲液洗脱抗原，从而得到纯化的抗原，采用适当的缓冲液和合适的保存方法，免疫亲和柱可以再生备用。该方法具有操作简单、快速、净化效果好、可再生等优点，被广泛应用于抗体、受体、激素、多肽、酶、重组蛋白、病毒及亚细胞化合物的分析等领域，特别是常用于 β - 兴奋剂的残留检测。

四、样品制备

用作检验的样品必须制成平均样品，其目的在于保证样品均匀，取任何部分都能较好地代表全部待鉴定食品的特征。应根据待鉴定食品的性质和检测要求采用不同的制备方法。样品制备时，必须先去除果核、蛋壳、骨和鱼鳞等非可食部分，然后再进行样品的处理。一般固体食品可用粉碎机将样品粉碎，过 20 ～ 40 目筛；高脂肪固体样品（如花生、大豆等）冷冻后立即粉碎，再过 20 ～ 40 目筛；高水分食品（如蔬菜、水果等）多用匀浆法；肉类用绞碎或磨碎法；能溶于水或有机溶剂的样品成分则用溶解法处理；蛋类去壳后用打蛋器打匀；液体或浆体食品（如牛奶、饮料、植物油及各种液体调味品等）可用玻璃棒或电动搅拌器将样品充分搅拌均匀。根据食品种类、理化性质和检测项目的不同，供测试的样品往往还需要做进一步的处理，如浓缩、干法灰化、湿法消化、蒸馏、溶剂提取、色谱分离和化学分离等。

第四节　高效液相色谱仪在食品检测中的应用

一、我国的食品质量安全问题

近年来，各种各样的食品质量问题层出不穷，严重危害了人民群众的生命健康，阻碍了食品市场的良好发展。据相关调查统计，我国现阶段流通市场的食品质量安全问题主要有以下几种。

（一）食品添加剂超限度使用和微生物感染

（1）食品添加剂超限度使用。在一些食品中，为防止其腐烂以保证其新鲜度，在其中过度地添加各种食品添加剂，食用者长期服用会对身体健康造成损害，尤其是儿童，会对中枢神经系统等造成严重的伤害。

（2）微生物感染。微生物感染主要表现在一些冷冻食品中，食用者服用这些食品后会使肠道等器官不同程度地受到感染，严重者会腹泻，甚至中毒。

（二）食品中营养含量不达标

如一些牛奶等营养保健品中，由于营养成分含量没有达到标准要求，食用者服用后对身体健康起不到丝毫的帮助作用，甚至一些不必要的成分过多还会给身体带来安全隐患。

（三）食品包装生产日期与保质期管理不规范

在一些食品外包装上，有些根本看不到生产日期或保质期，有些日期标识不明确或不规范，给消费者的食品选择带来困扰。还有一些商家将过期的食品拿来上架销售，以次充好，给消费者的身体带来安全隐患。

（四）食品名称与真实属性不符

根据我国相关法律的规定，食品名称必须与食品的各种属性保持一致，让消费者一看就知道是什么类型的食品，而现实中却有许多食品名称标注不符合规范，甚至有些食品完全与其属性不相符，这从法律上来讲，严重侵犯了消费者的食品知情权。

二、食品中营养成分的分析

人体所需要的营养成分很多，但一般食品中的营养成分不能包含人体所需的所有成分，而一些主要成分却必不可少，如糖类、氨基酸以及维生素等。在食品的营养成分中，糖类是最基本的营养成分之一，氨基酸也是人类生存与成长所必需的营养成分，而维生素则是人体正常发展过程中不可缺少的营养物质，对人体的生理机能起到很好的促进作用。糖类营养成分具有易溶性与还原性等特性；氨基酸的主要来源是蛋白质与酶，具有比较明显的易变性；维生素则对生理机能起到作用，可以预防身体疾病的出现。根据这些营养成分的各种特点，充分利用高效液相色谱技术的高灵敏性，可以精准测定糖类成分中的糖，对氨基酸的营养成分物质进行优质提取检测；根据高效液相色谱技术的抗干扰性与准确性，可以对维生素实行植物质量的优质提取，从而进行精准检测，较一般的检测方法缩短了检测时间，对食品的营养成分起到了很好的检测作用。

（一）糖类的分析

糖类为人体提供热能，是人体必需的一种物质，食物中的糖类有不可吸收的无效糖分如纤维素和可吸收的单糖、二糖、多糖两类。化学法只能测总糖却无法分别测定各种糖分，传统的气相色谱法虽可弥补化学法的不足但样品需衍生化，可行性低。HPLC 相比化学法和气相色谱法，灵敏度高，可操作性更强。以乙腈 - 水（84 ： 16）为流动相的 Waters NH 柱，能很好地测定食品中的各种糖分（果糖、葡萄糖、乳糖、蔗糖），例如以高压排斥色谱法分析香菇中的多糖成分不仅方便、快捷，而且准确性高。也有部分学者通过研究，以石墨化碳柱色谱联合分离线性分析阱质谱，建立了更加全面的 LcmSn 方法。目前该方法已经在美国、英国等发达国家得到了应用，实践结果显示，该方法的灵敏度更高，并且所收集的数据范围更加广。

（二）维生素的分析

维生素是维持人体正常生理功能的一类微量有机元素，其种类多，主要可分为醛、胺、醇三大类。在紫外检测器 280 纳米波长下，以 Hypersil C 化学键合硅胶为固定相，采用离子对反向高效液相色谱法能对复合维生素片中四种水溶性维生素（维生素 B1、维生素 B2、维生素 B6 和烟酰胺）同时进行检测。以 0.05 摩尔 / 升 KHIPO- 甲醇为流动相的梯度洗脱反向高效液相色谱，方法检出限为 1.4 ～ 0.76 纳克，能实现对奶粉、饮料等食品的维生素（叶酸、维生素 C、维生素 B2、维生素 B6、烟酸、烟酰胺等）的检测分析，且相对加标回收率达 78.5% ～ 115.6%，标准偏差为 2.5% ～ 7.9%。

（三）蛋白质的分析

蛋白质是由几十到几千个氨基酸分子借助肽键和二硫键相互连接的多肽链，分子量较高，而且在溶液中的扩散系数比较小，黏度大，易受外界温度、pH 值、有机溶剂的影响而发生变性，并引起结构改变。这些特性使它们的色谱分离行为远非理想情况，给其 HPLC 分离带来了实际困难。因此，蛋白质的分离和分析问题至今仍是具有挑战性的课题。目前，主要采用灌注色谱对蛋白质进行分离，根据灌注色谱的种类可分为以下四种：灌注反相色谱、灌注离子交换色谱、灌注疏水色谱和灌注亲和色谱。于晓瑾等在有关蛋白质检测问题的分析中，建立了以 HPLC 方法为核心的新型分析方法，有效检测了婴幼儿配方食品中的糠氨酸含量，取得了良好的效果。该方法采用底码铂金 ODS 色谱柱分离，用紫外光检测仪器测定成分。其研究结果显示，所研究的 21 种婴幼儿配方食品中，糠氨酸含量为 468 ～ 1467 毫克 /100 克，精密度 RSD 系数为 2.23%，线性相关系数为 r=0.999，检测限（RSN=10）为 1.25 微克 / 毫升。

（四）有机酸的分析

食品中有机酸和酸味剂是食品酸味和鲜味的重要成分，也对食品的防腐保鲜起重要作用。食品中的有机酸主要有乙酸、乳酸、丁二酸、柠檬酸、酒石酸、苹果酸等，少量存在的有机酸还有甲酸、顺丁烯二酸、马来酸、草酸等。HPLC 分析有机酸不仅简便快速，而且选择性好，准确度高。用 HPLC 法检测食品中的有机酸，一般用反相 C18 柱进行分离，流动相为磷酸盐缓冲溶液，磷酸调 pH 至 2.5 ～ 2.9，常用的磷酸盐为磷酸二氢钾、磷酸二氢铵等。

三、食品中各种添加剂的检测

食品中的添加剂主要有甜味剂、防腐剂及色素等，这些添加剂如果过量摄入则会给人体造成很大的伤害。高效液相色谱技术可以对食品中的甜菊苷、糖精钠、甘草苷等甜味剂，防腐剂中的BA、CA以及脱氢乙酸等，色素中的柠檬黄、胭脂红、亮蓝等成分进行检测。

（一）甜味剂的检测

食品甜味剂可以为食品带来甜味，有营养型和非营养型的区分，人工合成的非营养型甜味剂是主要的检测类型，有安赛蜜（乙酰磺胺酸钾）、糖精钠、阿斯巴甜（天冬酰苯丙氨甲酯）等，因其价格低廉而被广泛应用于各类食品加工。由于目前我国大部分的食品添加剂为化学合成添加剂，其中部分会对人体产生严重影响，因此，对食品添加剂成分的检测一直是食品安全管理的重点。目前，高效液相色谱法用来检测食物中的甜蜜素、甘草苷、糖精钠等多种甜味剂的含量，常用的色谱柱为NH_2柱、C_{18}柱等。有学者在甜味剂检测中，采用XDB-C色谱柱方法，以乙酸铵缓冲液为流动相，测量了安赛蜜在各种白酒中的含量，其加样回收率均大于等于95.0%，相对偏差小于5.0%。从其研究结果来看，安赛蜜的最低检出限为1.7～1.8毫克/千克。王敏等采用次氯酸钠在酸性条件下将甜蜜素转化为氯基环己烷，正己烷萃取，用ODS-C_{18}柱，乙腈-水（70 ∶ 30）为流动相，于波长314纳米处紫外检测，采用外标法定量测定。这不仅可大大减少一些样品中复杂基质的干扰，而且检出限低。对于固体样品，最低检出限可达2.0毫克/千克，对于干扰少的液体样品，最低检出限为0.5毫克/升，回收率在70%～110%。费贤明等用高效液相色谱-荧光法（HPLC-FLD）测定了食品中的糖精钠，最低检出限在0.005～0.200毫克/毫升，与高效液相色谱-紫外检测法（HPLC-UV）相比，HPLC-FLD法的重现性更好，准确度更高，由于FLD的选择性响应，降低了对色谱柱的性能要求，更适合复杂样品的快速分析，使其具有比UV法更高的可靠性，是一种较为理想的糖精钠检测方法。

（二）防腐剂的检测

苯甲酸和山梨酸是食品中最常使用的两种防腐剂。过去对它们的分析常用分光光度法和气相色谱法进行，但要经过繁杂的预处理操作。近年来发展了用高效液相色谱法只需经过简单的处理，就可直接进行测定。我国秦皇岛卫生检验所的赵惠兰等报道了用高效液相色谱法快速测定饮料中苯甲酸、山梨酸的方法。他们将饮料过滤后直接注入液相色谱系统。10～20分钟可同时测定这两种防腐剂及糖精钠的含量。该法的色谱条件是：以uBandapak C18柱为分析柱，含有0.02摩尔/升乙酸铵的甲醇-水（35 ∶ 65）溶液为流动相，洗脱速率1毫升/分钟，在254 pum的紫外检测器下进行检测，该方法的回收率和标准差分别为97%和0.29%。武汉市产品质量监督检验所的周胜银、李增也报道了用高效液相色谱法测定酱油及软饮料类中防腐剂的方法。采用DiamonsilODS色谱柱，并保留其主色谱柱体的检测合理性和方式技术选择的适用性，以乙腈-水（磷酸调pH值为3）、四氢呋喃进行适度的流动相梯度洗脱，获得超过265纳米波长的紫外光检测依据，加样回收率为93%左右，可以使7种防腐剂较好地分离。刘二东等研究利用HPLC测定含乳饮料中苯甲酸的含量。用（CH_3COO）$_2Zn$和KFe（CN）$_3$溶液作为沉淀剂进行样品的预处理，磷酸盐缓冲液甲醇为流动相，C18色谱柱，于波长225纳米处紫外检测，方法简单快速、灵敏度高，既适用于大部分含乳饮料，也适用于纯牛奶的测定。苏爱梅采用沉淀法对火腿肠样品进行预处理，过滤后用RPHPLC法测定火腿肠中防腐剂苯甲酸和山梨酸的含量。色谱柱为Symetry-Cg，以0. 02摩尔/升乙酸铵甲醇（97 ：3）为流动相，检测波长为230纳米。苯甲酸和山梨酸的浓度在0～0.05克/升范围内线性很好（$r=0.9996$）；山梨酸的最低检出限为0.024克/升，平均回收率为100.4%，RSD为0.68%。

（三）色素的检测

根据2015年食品安全的检测标准，人工合成的食用色素属于被国家严格管控的食品安全范畴。但由于价格低且效果好，很多超国家标准的人工合成食用色素大量出现，因而需要重视对此类色素的检测。高效液相色谱法能快速测定天然色素、人工色素，操作简单且效率较高。目前，很多学者采用C18柱分离梯度洗脱系统同时测量柠檬黄、落日黄、亮蓝等食用色素，应用结果显示C18柱分离梯度洗脱系统的检出率高，且性能稳定。陈向明等在高效液相色谱法应用问题的分析中，以果蔬汁饮料中的番茄红素为观察对象，选择C色谱柱外校标准曲线为依据，对饮品进行检测，结果显示番茄红素在1.0×10～3.9×10纳克/升范围内具有良好的线性关系，检出限结果为6.3×10纳克/升。张连龙等采用HPLC法测定保健食品黄金搭档包衣片中的食用合成色素，样品预处理用粉碎提取法和漂洗法，聚酰胺吸附纯化LiChrospher C18柱，甲醇乙酸铵流动相梯度洗脱，单波长或多波长测定柠檬黄、靛蓝和诱惑红3种色素；其线性范围宽（0～100克/毫升），回收率高（91.3%～103.1%），重现性好（RSD=2.11%～5.63%），最低检出限为2～11纳克。其中，尤以粉碎提取法、梯度洗脱、多波长检测效果更佳。宋伟华等建立了凝胶色谱净化、HPLC法检测红腐乳等含油及着色食品中苏丹红Ⅰ、Ⅱ、Ⅱ、Ⅳ的方法，用正己烷或乙酸乙酯：环己烷=1 ：1提取食品中的苏丹红，经凝胶色谱（GPC）去除样品中分子量较大的油脂天然色素等干扰物后，再用HPLC检测。王华等以HPLC法对不同产地赤霞珠干红葡萄酒中花色素苷的组分进行了研究，为科学客观地鉴定葡萄酒原料品种和其他相关的研究提供了依据，同时也为建立葡萄与葡萄酒花色素 HPLC 指纹图谱提供了依据。

（四）抗氧化剂的检测

食品抗氧化剂可阻止在食品与氧气发生接触后，食品出现氧化变质的情况。但需要控制用量，过量会对人体产生严重的不良影响。申世刚等采用 RP-HPLC 法测定油炸薯条中没食子酸内酯（PG）、叔丁基对苯二酚（TBHQ）、羟基茴香醚（BHA）、4- 己基间苯二酚（4HR）、二丁基羟基甲苯和 2246 的含量。其中，PG、TBHQ 用 50% 甲醇（RP-HPLC 体积分数 1% 的冰醋酸）作流动相，BHA、4HR、BHT 和 2246 用 80% 甲醇作流动相，检测波长为 280 纳米，相关系数为 0.998 3 ～ 0.999 6，最低检出限为 1.0 ～ 2.0 皮克 / 克，平均回收率均在 85% 以上。刘宏程等采用基质固相分散萃取植物油中抗氧化剂 BHA、BHT、TBHQ 和 PG，经 HPLC 法进行分离；结果表明，通过基质固相分散技术，可减少有机溶剂的用量，缩短分析时间，提高分析效率，回收率为 85.8% ～ 94.3%，最低检出限为 2 纳克 / 克。俞晔等采用乙睛提取食用油脂中的抗氧化剂 PG、THBP、TBHQ、NDGA、BHA、OG、IONOX-100、DG 和 BHT，浓缩后用 RP-HPLC 法同时测定其含量，方法最低检出限：PG、THBP、NDGA、OG 和 DG 为 0.5 微克 / 克，TBHQ、BHA、IONOX-100 和 BHT 为 1.0 微克 / 克。

四、食品中毒素与有害成分的检测

随着科学技术的发展,各种有机化合物与防治病虫害的农药常用在农作物上，虽然一定程度上促进了农作物的生长，保证了生产产量，但降低了农作物的安全性，有一些强性农药或兽药，即便经过雨水洗刷，依然不能完全清除，还有部分残留，这时若采摘者或食用者在食用时没有仔细清洗，这些农药或兽药进入体内，会对人身体健康造成巨大的影响，严重者甚至威胁人体的生命安全，而利用高效液相色谱技术对其中残留的、不易被发现的各种农药或兽药进行检测，可重现其中的有害毒素成分，让食用者充分辨别食品的质量安全。

（一）农药残留量的测定

目前蔬菜水果中不同种类农药的残留测定方法主要是气相色谱法（GC）或

气相色谱 - 质谱法（GC-MS），但 GC 对沸点高或热稳定性差的农药需进行衍生化处理，这样就不可避免地增加了样品预处理的难度，也使它的应用受到一定程度的限制。李永新等建立了同时测定蔬菜水果中 12 种农药残留的反相高效液相色谱分析方法。将样品捣碎，用乙酸乙酯超声提取，经 Florisil 固相萃取柱净化、正己烷 - 二氯甲烷（1 ∶ 1）洗脱、氮气吹干、甲醇溶解并定容后，采用高效液相色谱柱分离、紫外检测，以外标法定量。结果表明，5 种有机磷农药、6 种拟除虫菊酯类农药和除草剂二甲戊乐灵的检测限为 0.114 ～ 2.65 纳克。应用该法对从市场上随机购买的莲白、小白菜、黄瓜等 20 个蔬菜样品和苹果、梨等 20 个水果样品进行检测，其中氧化乐果的检出率分别为 55% 和 45%，辛硫磷的检出率分别为 50% 和 30%，由此可见，国家明文规定的不得用于蔬菜、瓜果的剧毒、高毒农药仍有检出。何红梅等建立了高效液相色谱法分离、紫外检测器检测同时测定蔬菜中除虫脲、氟铃脲、氟苯脲等 7 种苯甲酰脲类残留量的方法，色谱柱为 SunFireTM C[250 毫米 ×4.6 毫米（i.d），5 微米]，柱温为室温，检测波长为 260 纳米，同时分离的农药种类多，但需梯度洗脱，对仪器的要求较高。丁慧瑛等建立了同时测定蔬菜中除虫脲等 11 种苯甲酰脲农药残留的液相色谱 - 串联质谱分析方法，C 柱分离，甲醇 -0.005 摩尔 / 升乙酸铵溶液为流动相梯度洗脱，电喷雾负离子模式离子化，三重四极杆质谱测定，方法回收率为 69% ～ 109%，所需仪器并不普及。苯甲酰脲类农药中除虫脲和氟铃脲的测定居多，胡敏等采用反相高效液相色谱法，C3 色谱柱，甲醇 - 水（75 ∶ 25）为流动相，254 纳米波长下用 DAD 检测器，测定了除虫脲的含量。李海飞等运用 HPLC 柱后衍生荧光检测法，测定了苹果、梨、桃、葡萄、香蕉和芒果等水果样品中涕灭威亚砜、涕灭威砜、灭多威、三羟基克百威、涕灭威、克百威和甲萘威 7 种氨基甲酸酯类农药的残留量，结果 7 种农药 3 种不同浓度的平均添加回收率在 72.5% ～ 116.2%，最低检出限为 0.003 7 ～ 0.007 4 毫克 / 千克。

（二）兽药残留量的测定

兽药残留是指对食品动物用药后，动物产品的任何食用部分中的原型药物或 / 和其代谢产物，包括与兽药有关的杂质的残留。残留较大的兽药主要包括抗生素类、合成抗生素类、抗寄生虫类、生长促进剂和杀虫剂等。研究人员建立了一种养殖海水中诺氟沙星、环丙沙星和恩诺沙星 3 种喹诺酮类抗生素残留量的高效液相色谱荧光测定方法：水样经稀盐酸调 pH 后经 HLB 固相萃取柱富集、净化，用外标法定量；结果表明，该方法的灵敏度高，重现性好，适用于养殖海水中诺氟沙星、环丙沙星和恩诺沙星的检测。王帆等研究了检测大豆异黄酮类保健食品中三种雌激素（雌二醇、雌酮、己烯雌酚）含量的分析法。采用 Hypersil ODS2 Cs 色谱柱，流动相为甲醇水（体积比 53 ∶ 47），流速 1.0 毫升 / 分钟，检测波长 280 纳米，该方法的线性范围在 0.5 ～ 250 毫克 / 升，三种雌激素的最低检出限分别为 0.8 毫克 / 升、0.9 毫克 / 升、0.4 毫克 / 升。陈辉华等建立了同时检测水产品中四环素类和氟喹诺酮类普药多残留的 HPLC 法。

样品经固相萃取小柱净化，以甲醇 - 丙二酸 - 氯化镁水溶液梯度洗脱，紫外检测器检测。对样品预处理和色谱分析条件进行了优化，8 种抗生素（土霉素、四环素、金霉素、沙拉沙星、恩诺沙星、达氟沙星、环丙沙星、单诺沙星）在 0.1 ～ 10.0 毫克 / 升范围内与峰面积线性关系良好，最低检出限（S/N=3）为 0.011 ～ 0.051 毫克 / 千克，定量下限（S/N=10）为 0.035 ～ 0.170 毫克 / 千克，平均加标回收率为 81.0% ～ 96.0%。

（三）霉菌毒素的检测

每年霉变粮食的量占据了总粮食产量的很大一部分，这不仅对国家经济造成了损失，若霉变的粮食被人畜食用，还会引发中毒、癌症等症状。霉菌毒素主要有黄曲霉毒素、玉米赤霉烯酮等，尤其是黄曲霉毒素，被列为诱发癌症的高危因素。而某些初步霉变的粮食，其感官上的变化并不明显，因此，对霉菌毒素的检测尤为重要。HPLC 可依据不同微生物的化学组成或其产生的代谢产物，直接分析样品中各种细菌的代谢产物，确定其病原微生物的特异性化学组分，从而确定被检测食品中是否存在微生物超标以及是否威胁到人类健康等。程树峰等建立了一种快速检测粮食中黄曲霉毒素 B1、B2、G1、G2 的碘柱前衍生高效液相色谱法：样品经提取液处理后，加入适量碘衍生剂衍生，衍生后进行色谱分析，结果 4 种黄曲霉毒素在 7 分钟内测定完成，最低检出限均在皮克水平。牟仁祥等建立了同时检测粮谷中 T-2 和 HT-2 毒素的免疫亲和柱净化液相色谱质谱法：免疫亲和柱净化后，采用液相色谱 - 质谱（LC-MS）测定，结果 T-2 和 HT-2 毒素在 0.005 ～ 0.500

毫克 / 升范围内与峰面积线性关系良好，在加标条件下，T-2 和 HT-2 毒素的平均回收率为 76% ～ 90%，最低检出限（S/N=3）分别为 0. 130 毫克 / 千克、0.002 毫克 / 千克、PerezTorrado 等对来自不同国家的 21 种玉米粉中的玉米赤霉烯酮霉素进行了分析，样品经高压液体提取后，采用 LCESI/MS 检测，其中包括正离子电喷雾 ESI（+）和 ESI（-）2 种质谱检测方法，结果 ESI（+）和 ESI（-）的最低检测限分别为 5 皮克 / 千克、1 微克 / 千克，仅有一种样品中玉米赤霉烯酮霉素的含量低于欧盟委员会的标准量。杨小丽等采用高效液相色谱 - 串联质谱法测定了地龙中黄曲霉毒素 B1、B2、G1 和 G2 的含量，结果表明 4 种黄曲霉毒素的检出限分别为 0.03 皮克 / 千克、0.02 微克 / 千克、0.03 微克 / 千克和 0.02 微克 / 千克。粟建明等建立了中药材中 4 种黄曲霉毒素测定的快速液相色谱串联质谱方法，表明黄曲霉毒素 B 在 0.102 1 ～ 10.21 纳克 / 毫升内、黄曲霉毒素 B 在 0.061 2 ～ 7.65 纳克 / 毫升内、黄曲霉毒素 G 在 0.193 ～ 9.65 纳克 / 毫升内、黄曲霉毒素 G 在 0.121 ～ 7.55 纳克 / 毫升内，线性关系均良好，r ＞ 0.998；4 种黄曲霉毒素的回收率均在 77.0% ～ 102.4%。

（四）N- 亚硝胺、多环芳烃和杂环芳烃的测定

腌腊肉品中常添加硝酸盐或亚硝酸盐作发色剂，由于添加量过大或自身的还原作用在肉品中生成 N- 亚硝胺，N- 亚硝胺可诱发肝癌、结肠癌等。某些 N- 亚硝胺化合物，如 N- 亚硝基二甲胺、N- 亚硝基二乙胺、N- 亚硝基四氢吡咯等也是一类致癌物质。

过去采用气相色谱法测定食物中的挥发性亚硝胺，其中仪色谱测定 - 步便需耗时 1 小时之多，而采用高效液相色谱法则只需要 13 分钟，肉品烟熏、油炸、烧烤时常产生多环芳烃并污染肉品。多环芳烃（简称 PAH）中主要的致癌物质有 3,4- 苯并（a）花、二苯并（a，h）蒽，而芘和萤蒽对苯并（a）芘的致癌有促进作用。分离蒽、苯并（e）芘、芘、苯并（b）萤蒽及苯并（a）芘五个成分，用氧化铝色谱柱需耗 10 小时，用 TLC 为 10 分钟，用 GC 则苯并（a）芘的保留时间通常为数十分钟。应用高效液相色谱法，以 ermaphase ODS 色谱柱，在 4 分钟内即可完全分离。分离 PNH 常用的色谱柱填充剂为十二烷基化学键合的薄壳型硅胶（如 permaphase ODS、Vy-daC RP、Sil-X-H RP 等），这类填充剂最大的

优点是可以应用梯度淋洗，这样大大有利于缩短分离时间和提高分离效果。此外，杂环芳烃中的主要致癌物为二苯（a，h）氮蒽，在城市空气的尘埃中、煤焦油及烟草中均含有此成分。各种杂环烃可在 Zipax 担体上涂渍 0.5% AgNO，作固定相，以乙腈 - 正己烷（1 ： 99）作淋洗液进行分离。其分离机制可能是银离子与杂环烃中的氮原子形成络合物。也可用 Co-rasil 涂清 0.3%/BOP 作固定相，以异丙醚作淋法沌进行分离。

第六章　紫外 - 可见分光光盘法

第一节　紫外 - 可见分光光度计的基本结构与原理

一、基本概念

分子的紫外可见吸收光谱是由于分子中的某些基团吸收了紫外 - 可见辐射光后，发生了电子能级跃迁而产生的吸收光谱。由于各种物质具有各自不同的分子、原子和不同的分子空间结构，其吸收光能量的情况也就不会相同，因此，每种物质就有其特有的、固定的吸收光谱曲线，可根据吸收光谱上的某些特征波长处的吸光度的高低判别或测定该物质的含量，这就是分光光度定性分析和定量分析的基础。分光光度分析是根据物质的吸收光谱研究物质的成分、结构和物质间相互作用的有效手段。它是带状光谱，反映了分子中某些基团的信息。可以用标准光图谱再结合其他手段进行定性分析。朗伯定律说明光的吸收与吸收层厚度成正比，比尔定律说明光的吸收与溶液浓度成正比；如果同时考虑吸收层厚度和溶液浓度对光吸收率的影响，即得朗伯 - 比尔定律，即 $A=lg（1/T）=Kbc$（A 为吸光度；T 为透射比，是透射光强度（I）与入射光强度（I_0）的比值；K 为摩尔吸光系数；c 为吸光物质的浓度；b 为吸收层厚度），就可以对溶液进行定量分析。将分析样品和标准样品以相同浓度配制在同一溶剂中，在同一条件下分别测定紫外可见吸收光谱。若两者是同一物质，则两者的光谱图应完全一致。如果没有标样，也可以和现成的标准图谱对照进行比较。朗伯 - 比尔定律是分光光度法和比色法的基础。这种方法要求仪器准确，精密度高，且测定条件要相同。实验证明，不同的极性溶剂产生氢键的强度也不同，紫外光谱可以判断化合物在不同溶剂中的氢键强度，以确定选择哪一种溶剂。紫外 - 可见分光光度法是根据物质分子对波长为 200 ～ 760 纳米这一范围的电磁波的吸收特性所建立起来的一种定性、定量的结构分析方法，操作简单，准确度高，重现性好。波长长（频率小）的光线能量小，波长短（频率大）的光线能量大。分光光度测量是关于物质分子对不同波长和特定波长处的辐射吸收程度的测量。描述物质分子对辐射吸收的程度随波长变化的函数关系曲线，称为吸收光谱或吸收曲线。紫外 - 可见吸收光谱通常由一个或几个宽吸收谱带组成。最大吸收波长表示物质对辐射的特征吸收或选择吸收，它与分子中外层电子或价电子的结构（或成键、非键和反键电子）有关。

二、紫外 - 可见分光光度计

（一）紫外 - 可见分光光度计的组成部件

（1）辐射源。辐射源必须是具有稳定的、足够输出功率的、能提供仪器使用波段的连续光谱，如钨灯、卤钨灯（波长范围为 350 ～ 2 500 纳米）、氘灯或氢灯（180 ～ 460 纳米），或可调谐染料激光光源等。

（2）单色器。它由入射狭缝、出射狭缝、透镜系统和色散元件（棱镜或光栅）组成，是用来产生高纯度单色光束的装置，其功能包括将光源产生的复合光分解为单色光和分出所需的单色光束。

（3）试样容器，又称吸收池，供盛放试液进行吸光度测量之用，分为石英池和玻璃池两种，前者适用于紫外可见区，后者只适用于可见区。容器的光程一般为 0.5 ～ 10 厘米。

（4）检测器，又称光电转换器。常用的检测器是光电管或光电倍增管，后者较前者更灵敏，特别适用于检测较弱的辐射。近年来还使用光导摄像管或光电二极管矩阵作为检测器，其具有快速扫描的特点。

（5）显示装置。这部分装置发展较快。较高级的光度计常备有微处理机、荧光屏显示和记录仪等，可将图谱、数据和操作条件都显示出来。仪器类型则有单波长单光束直读式分光光度计、单波长双光束自动记录式分光光度计和双波长双光束分光光度计等。

（二）应用范围

（1）定量分析，广泛用于各种物料中常量、微量和超微量的无机和有机物质的测定。

（2）定性和结构分析，紫外吸收光谱还可用于推断空间阻碍效应、氢键的强度、互变异构、几何异构现象等。

（3）反应动力学研究，即研究反应物浓度随时间而变化的函数关系，通过测定反应速率和反应级数来探讨反应机理。

（4）研究溶液平衡，如测定络合物的组成、稳定常数、酸碱离解常数等。

（三）仪器的校正和检定

由于环境因素对机械部分的影响，仪器的波长经常会略有变动，因此，除应定期对所用的仪器进行全面校正检定外，还应于测定前校正测定波长。常用汞灯中的较强谱线有 237.83 纳米、253.65 纳米、275.28 纳米、296.73 纳米、313.16 纳米、334.15 纳米、365.02 纳米、404.66 纳米、435.83 纳米、546.07 纳米与 576.96 纳米，或用仪器中氘灯的 486.02 纳米与 656.10 纳米谱线进行校正，钬玻璃在 279.4 纳米、287.5 纳米、333.7 纳米、360.9 纳米、418.5 纳米、460.0 纳米、484.5 纳米、536.2 纳米与 637.5 纳米波长处有尖锐吸收峰，也可用作波长校正，但因来源不同或随着时间的推移会有微小的差别，使用时应注意。吸光度的准确度可用重铬酸钾的硫酸溶液检定。精确称取在 120℃干燥至恒重的基准重铬酸钾 60 毫克，用 0.005 摩尔 / 升硫酸溶液溶解并稀释至 1 000 毫升，在规定的波长处测定并计算其吸收系数，与规定的吸收系数比较，应符合规定。配制成水溶液，置于 1 厘米石英吸收池中，在规定的波长处测定透光率。含有杂原子的有机溶剂，通常均具有很强的末端吸收。因此，当作为溶剂使用时，它们的使用范围均不能小于截止使用波长。例如甲醇、乙醇的截止使用波长为 205 纳米。另外，当溶剂不纯时，也可能增强干扰吸收。因此，在测定供试品前，应先检查所用的溶剂在供试品所用的波长附近是否符合要求，即将溶剂置于 1 厘米石英吸收池中，以空气为空白对照（空白光路中不置任何物质）测定其吸光度。溶剂和吸收池的吸光度，在 220 ～ 240 纳米范围内不得超过 0.40，在 241 ～ 250 纳米范围内不得超过 0.20，在 251 ～ 300 纳米范围内不得超过 0.10，在 300 纳米以上时不得超过 0.05。

（四）紫外 - 可见分光光度计的特点

（1）应用广泛。因为大多数无机化合物以及有机化合物在紫外 - 可见区域都会产生吸收峰，所以，光度法的应用颇为广泛。目前在食品行业中，紫外 - 可见分光光度计也备受关注。

（2）成本低。我国的食品企业基本上属于中小型企业，这些企业的规模小、利润低，企业可以通过降低食品的检测费，从而增加盈利。紫外 - 可见分光光度计在使用的过程中，仪器几乎没有大的损耗，可以有效降低成本。仪器的价格也不是很贵，分析成本较低，适合食品企业的中小型企业使用。因此，采用紫外可见分光光度计能够降低企业的检测成本。

（3）操作简便、快速。食品一般都有保质期，对于保质期短的一些食品，比如鲜牛奶（保质期仅为一天），对其检测就必须简便、快速。紫外 - 可见分光光度计检测法便可胜任。

（4）可靠性高。一般的分光光度法浓度测量的相对误差范围较大，达到了 1% ～ 3%，无法实现检测的准确性，而采用示差分光光度法进行测量，则可将误差减小到千分之几，极大地提高了检测的准确性，确保检测结果可靠。

三、测定方法

测定时，除另有规定外，应以配制供试品溶液的同批溶剂为空白对照，采用 l 厘米的石英吸收池，在规定的吸收峰波长 ±2 纳米以内测试几个点的吸光度，或由仪器在规定波长附近自动扫描测定，以核对供试品的吸收峰波长位置是否正确。除另有规定外，吸收峰波长应在该品种项下规定的波长 ±2 纳米以内，并以吸光度最大的波长作为测定波长。一般供试品溶液的吸光度读数在 0.3 ～ 0.7 的误差较小。仪器的狭缝波带宽度应小于供试品吸收带的半宽度，否则测得的吸光度会偏低。狭缝宽度的选择应以减小狭缝宽度时供试品的吸光度不再增大为准，由于吸收池和溶剂本身可能有空白吸收，因此测定供试品的吸光度后应减去空白读数，或由仪器自动扣除空白读数后再计算含量。当溶液的 pH 值对测定结果有影响时，应将供试品溶液和对照品溶液的 pH 值调成一致。

（一）对照品比较法

按各品种项下的方法，分别配制供试品溶液和对照品溶液，对照品溶液中所含被测成分的量应为供试品溶液中被测成分规定量的 100%±10%，所用溶剂也应完全一致，在规定的波长测定供试品溶液和对照品溶液的吸光度后，按下式计算供试品中被测溶液的浓度：$C_x = (A_x/A_n)\,C_n$。其中，C_x 为供试品溶液的浓度；A_x 为供试品溶液的吸光度；C_n 为对照品溶液的浓度；A_n 为对照品溶液的吸光度。

（二）吸收系数法

按各品种项下的方法配制供试品溶液，在规定的波长处测定其吸光度，再以该品种在规定条件下的吸收系数计算含量。用该法测定时，吸收系数通常应大于100，并注意仪器的校正和检定。

（三）比色法

在供试品溶液中加入适量显色剂后测定吸光度以测定其含量的方法称为比色法。用比色法测定时，应取数份梯度量的对照品溶液，用溶剂补充至同一体积，显色后，以相应试剂为空白对照，在各品种规定的波长处测定各份溶液的吸光度，以吸光度为纵坐标，浓度为横坐标绘制标准曲线，再根据供试品溶液的吸光度在标准曲线上的位置查得其相应的浓度，并求出其含量。也可取对照品溶液与供试品溶液同时操作，显色后，以相应的试剂为空白，在各品种规定的波长处测定对照品溶液和供试品溶液的吸光度。除另有规定外，比色法所用空白系指用同体积溶剂代替对照品溶液或供试品溶液，然后依次加入等量的相应试剂，并用同样方法处理制得。

四、日常维护

要懂得分析仪器的日常维护和对主要技术指标的简易测试方法，经常对仪器进行维护和测试，以保证仪器以最佳状态工作。

（1）温度和湿度是影响仪器性能的重要因素。它们可以引起机械部件的锈蚀，使金属镜面的光洁度下降，引起仪器机械部分的误差或性能下降，造成光学部件如光栅、反射镜、聚焦镜等的铝膜锈蚀，产生光能不足、杂散光、噪声等，甚至使仪器停止工作，从而影响仪器的寿命。维护保养时应定期加以校正。仪器室应四季恒湿，同时配置恒温设备，特别是地处南方地区的实验室。

（2）环境中的尘埃和腐蚀性气体也会影响机械系统的灵活性，降低各种限位开关、按键、光电耦合器的可靠性，这也是造成光学部件铝膜锈蚀的原因之一。

因此，仪器室必须做到定期清扫和防尘，保障环境和仪器室内的卫生条件。

（3）仪器使用一定周期后，内部会积累一定量的尘埃，最好由维修工程师或在工程师的指导下定期打开仪器外罩对内部进行除尘工作，同时将各发热元件的散热器重新紧固，对光学盒的密封窗口进行清洁，必要时对光路进行校准，对机械部分进行清洁和必要的润滑，最后，恢复原状，再进行一些必要的检测、调校与记录。使用紫外可见分光光度计的注意事项和问题处理：①开机前将样品室内的干燥剂取出，仪器自检过程中禁止打开样品室盖。②比色皿内的溶液以皿高的2/3～4/5为宜，不可过满以防液体溢出腐蚀仪器。测定时应保持比色皿清洁，池壁上的液滴应用擦镜纸擦干，切勿用手捏比色皿透光面。测定紫外波长时，需选用石英比色皿。③测定时，禁止将试剂或液体物质放在仪器的表面上，如有溶液溢出或其他原因将样品槽弄脏，要尽可能及时清理干净。④实验结束后将比色皿中的溶液倒尽，然后用蒸馏水或有机溶剂冲洗比色皿至干净，倒立晾干。关闭电源然后将干燥剂放入样品室内，盖上防尘罩，做好使用登记，得到管理老师的认可后方可离开。⑤如果仪器不能初始化，需关机重启。⑥如果吸光值异常，需依次检查：波长设置是否正确（重新调整波长，并重新调零），测量时是否调零（如错误操作，重新调零），比色皿是否用错（测定紫外波段时，要用石英比色皿），样品准备是否有误（如有误，重新准备样品）。

五、紫外－可见分光光度计的发展趋势

紫外-可见分光光度计是依据朗伯-比尔定律，测定待测液吸光度A的仪器。紫外-可见分光光度计的主要部件有五个：光源、单色器、吸收池、检测器和信号指示系统。紫外-可见分光光度计主要有两种：单波长分光光度计和双波长分光光度计。其中单波长分光光度计分为单光束分光光度计和双光束分光光度计。在过去的10年里，紫外-可见分光光度计的技术变化不大，没有本质上的进步。但是，传统的仪器制造方法随着光学设计、电子学和软件的进步也在进步，这将降低仪器的复杂性、增加仪器的可靠性和提高仪器的生产能力。现在高档紫外可见分光光度计已使用多检测器，可提供大样品的测试、固体样品的分析、快速扫描、探针和其他附件。高分辨数字成像是该领域另一有创新的发展。Astra Net

Systems 公司将二极管阵列的制造与光纤采样相结合制造的仪器，可以原位检测沸腾的液体和在线监测化学反应，检测浓度可超过常规仪器的千倍。随着科技的进步，仪器逐渐更新，提高了测量的精密度和准确度，我们要正确使用并且进行良好的维护，以减少试验中各环节造成的误差，准确测量数据，更好地为科研和生产服务。

第二节　样品预处理技术

一、样品预处理的目的与要求

（一）样品预处理的目的

（1）使被测组分从复杂的样品中分离出来，制成便于测定的溶液形式。

（2）除去对分析测定有干扰的基体物质。

（3）如果被测组分的浓度较低，还需要进行浓缩富集。

（4）如果被测组分用选定的分析方法难以检测，还需要通过样品衍生化处理使其定量地转化成另一种易于检测的化合物。

（二）样品预处理的要求

（1）样品是否要预处理，如何进行预处理，采用何种方法，应根据样品的性状、检验的要求和所用分析仪器的性能等方面综合考虑。

（2）应尽量不用或少使用预处理，以便减少操作步骤，加快分析速度，也可减少预处理过程中带来的不利影响，如引入污染、待测物损失等。

（3）分解法处理样品时，分解必须完全，不能造成被测组分的损失，待测组分的回收率应足够高。

（4）样品不能被污染，不能引入待测组分和干扰测定的物质。

（5）试剂的消耗应尽可能少，方法简便易行，速度快，对环境和人员污染少。

二、样品溶液的制备

根据样品中被测组分存在状态的不同，选择溶解法或分解法来制备样品溶液。当样品中被测组分为游离状态时，采用溶解法制备样品溶液；当样品中被测组分为结合状态时，采用分解法制备样品溶液。

（一）溶解法

采用适当的溶剂将样品中的待测组分全部溶解。

（1）水溶法用水作为溶剂，适用于水溶性成分，如无机盐、水溶性色素等。①酸性水溶液浸出法。溶剂为各种酸的水溶液，适用于在酸性水溶液中溶解度增大且稳定的组分。②碱性水溶液浸出法。溶剂为碱性水溶液，适用于在碱性水溶液中溶解度增大且稳定的成分。

（2）有机溶剂浸出法适用于易溶于有机溶剂的待测成分。常用的有机溶剂有乙醚、石油醚、氯仿、丙酮、正己烷等。根据“相似相溶”原理选择有机溶剂。

（二）分解法

分解法分为全部分解法和部分分解法。全部分解法是将样品中所有有机物分解破坏成无机成分，又称为无机化处理，适用于测定样品中的无机成分；部分分解法是将样品中大分子有机物在酸、碱或酶的作用下，水解成简单的化合物，使待测成分释放出来，适用于测定样品中的有机成分。

（三）干灰化法

利用高温破坏样品中的有机物，使之分解呈气体逸出。小火炭化，高温灰化（500℃～600℃）8～12小时。最后得到白色或灰白色的无机残渣。除汞外大多数金属元素和部分非金属元素的测定都可采用这种方法对样品进行预处理。

1. 优点

基本不添加或添加很少量的试剂，故空白值较低；多数食品经灼烧后所剩下的灰分体积很小，因而能处理较多量的样品，故可加大称样量，在方法灵敏度相同的情况下，可提高检出率；有机物分解彻底；操作简单，灰化过程中不需要人一直看管，可同时做其他实验的准备工作。

2. 主要的缺点

处理样品所需要的时间较长；由于敞口灰化，温度又高，容易造成某些挥发性元素的损失；盛装样品的坩埚对被测组分有一定的吸留作用，由于高温灼烧使坩埚材料的结构改变造成微小孔穴，某些被测组分吸留于孔穴中很难溶出，测定结果和回收率偏低。

3. 提高回收率的措施

根据被测组分的性质，采取适宜的灰化温度。灰化食品样品，应在尽可能低的温度下进行，但温度过低会延长灰化时间，通常选用 500℃～ 550℃灰化 2 小时或在 600℃灰化 0.5 小时，一般不要超过 600℃。加入灰化固定剂，防止被测组分的挥发损失和坩埚吸留。为了防止砷的挥发，常在灰化之前加入适量的氢氧化钙；加入氯化镁及硝酸铁可使砷转变为不挥发的焦砷酸镁，氯化镁还起衬垫坩埚材料的作用，减少样品与坩埚的接触和吸留。一般的灰化温度，铅、镉容易挥发损失，加硫酸可使易挥发的氧化铅、氯化镉等转变为难挥发的硫酸盐。

（四）湿消化法

在加热条件下，利用氧化性的强酸或氧化剂来分解样品。常用的消化剂有硝酸、硫酸、高氯酸、过氧化氢和高锰酸钾等；常见的催化剂包括硫酸铜、硫酸汞、二氧化硒、五氧化二钒等。该方法的优点：由于使用强氧化剂，有机物分解速率快，消化所需时间短；由于加热温度较干法灰化低，故可减少金属挥发逸散的损失，同时，容器的吸留也少；被测物质以离子状态保存在消化液中，便于分别测定其中的各种微量元素。

该方法的缺点：在消化过程中，有机物快速氧化常产生大量有害气体，因此操作需在通风橱内进行；消化初期，易产生大量泡沫外溢，故需操作人员随时照管；消化过程中大量使用各种氧化剂等，且试剂用量较大，空白值偏高。

1. 常用的消化方法

在实际工作中，除了单独使用硫酸的消化方法外，还可采取几种不同的氧化性酸配合使用的方法，利用各种酸的特点，取长补短，以达到安全、快速、完全破坏有机物的目的。几种常用的消化方法如下。

（1）单独使用硫酸的消化方法。此法在样品消化时，仅加入硫酸，在加热的情况下，依靠硫酸的脱水炭化作用，破坏有机物。由于硫酸的氧化能力较弱，消化液炭化变黑后要保持较长的炭化阶段使消化时间延长。为此常加入硫酸钾或硫酸钠以提高其沸点，加适量的硫酸铜或硫酸汞作为催化剂，来缩短消化时间。

（2）硝酸 - 高氯酸消化法。此法可先加硝酸进行消化，待大量的有机物分解后，再加入高氯酸，或者以硝酸高氯酸混合液先将样品浸泡过夜，小火加热待大量泡沫消失后，再提高消化温度，直至完全消化为止。此法氧化能力强，反应速率快，炭化过程不明显；消化温度较低，挥发损失少。但由于这两种酸受热都易挥发，因此当温度过高、时间过长时，容易烧干，并可能引起残余物燃烧或爆炸。为防止这种情况发生，有时加入少量硫酸。有还原性较强的样品（如酒精、甘油、油脂和大量磷酸盐）存在时，不宜采用此法。

（3）硝酸 - 硫酸消化法。此法是在样品中加入硝酸和硫酸的混合液，或先加入硫酸加热，使有机物分解，在消化过程中不断补加硝酸。这样可缩短炭化过程，并减少消化时间，反应速率也适中。由于碱土金属的硫酸盐在硫酸中的溶解度较小，因此此法不宜做食品中碱土金属的分析。如果样品含较大量的脂肪和蛋白质，可在消化的后期加入少量的高氯酸或过氧化氢，以加快消化的速度。

2. 消化的操作技术

（1）敞口消化法。这是最常用的消化技术，通常在凯氏烧瓶或硬质锥形瓶中进行消化。操作时，在凯氏烧瓶中加入样品和消化液，将瓶倾斜约 45° 用电炉、电热板或煤气灯加热，直至消化完全为止。由于该法是敞口操作，有大量消化烟雾和消化分解产物逸出，故需在通风橱中进行。

（2）回流消化法。测定具有挥发性成分时，可在回流消化器中进行。这种消化器由于在上端连接冷凝器，可使挥发性成分随同冷凝酸雾形成的酸液流回反应瓶中，不仅可以防止被测成分的挥发损失，而且可以防止烧干。

（3）冷消化法。冷消化法又称低温消化法，是将样品和消化液混合后，置于室温或 37℃～ 40℃烘箱内，放置过夜。在低温下消化，可避免极易挥发的元素（如汞）的挥发损失，不需要特殊的设备，极为方便，但仅适用于含有机物较少的样品。

（4）密封罐消化法。这是近年来开发的一种新型样品消化技术，此法是在聚四氟乙烯容器中加入适量样品、氧化性强酸和氧化剂等，加压于密封罐内，并置于 120℃～ 150℃烘箱中保温数小时（通常 2 小时左右），取出自然冷却至室温，摇匀，开盖，便可取此液直接测定。此法克服了常压湿法消化的一些缺点，但要求密封程度高，高压密封罐的使用寿命也有限。

3. 消化操作的注意事项

（1）消化所用的试剂，应采用高纯度的酸和氧化剂，且所含杂质要少，并同时按与样品相同的操作做空白试验，以扣除消化试剂对测定数据的影响。如果空白值较高，应提高试剂纯度，并选择质量较好的玻璃器皿进行消化。

（2）消化瓶内可以加玻璃珠或瓷片，防止暴沸，凯氏烧瓶的瓶口应倾斜，瓶口不应对着自己或他人。加热时火力应集中于底部，瓶颈部位应保持较低的温度，以冷凝酸雾，并减少被测成分的挥发损失。消化时，如果产生大量的泡沫，除了迅速减小火力外，还可加入少量不影响测定的消泡剂，如辛醇、硅油等，也可将样品和消化液在室温下浸泡过夜，第二天再进行加热消化。

（3）在加热过程中需要补加酸或氧化剂时，首先要停止加热，待消化液稍冷后才沿瓶壁缓缓加入，以免发生剧烈反应，引起喷溅。另外，在高温下补加酸，会使酸迅速挥发，既浪费又污染环境。

三、常用的分离与富集方法

（一）萃取法

萃取法又叫溶剂分层法，是利用某组分在两种互不相溶的溶剂中分配系数的不同，使其从一种溶剂转移到另一种溶剂中，从而与其他组分分离的方法。此法操作迅速，分离效果好，应用广泛。但萃取试剂通常易燃、易挥发，且有毒性。萃取溶剂的选择原则：萃取用溶剂应与原溶剂互不相溶，对被测组分有最大溶解度，面对杂质有最小溶解度，即被测组分在萃取溶剂中有最大的分配系数，而在杂质只有最小的分配系数。经萃取后，被测组分进入萃取溶剂中，即与留在原溶剂中的杂质分离开。此外，还应考虑两种溶剂分层的难易以及是否会产生泡沫等问题。萃取的方法：萃取通常在分液漏斗中进行，一般需经 4 ～ 5 次萃取才能达到完全分离的目的。当用比水轻的溶剂从水溶液中提取分配系数小或振荡后易乳化的物质时，采用连续液体萃取器比分液漏斗的效果更好。在萃取时，特别是当溶液呈碱性时，常常会产生乳化现象，影响分离。

破坏乳化的方法有：①静置较长时间；②旋摇漏斗，加速分层；③若因两种溶剂（水与有机溶剂）部分互溶而发生乳化，可以加入少量电解质（如氯化钠），利用盐析作用加以破坏，若因两相密度差小而发生乳化，也可以加入电解质，以增大水相的密度；④若因溶液呈碱性而产生乳化，常可加入少量的稀盐酸或采用过滤等方法消除。根据不同情况，还可以加入乙醇、磺化蓖麻油等消除乳化。

（二）固相萃取

固相萃取利用固体吸附剂将液体样品中的目标化合物吸附，与样品基体和干扰化合物分离，然后再用洗脱液洗脱，或加热解吸附达到分离和富集目标化合物的目的。一般分为活化吸附剂、上样、洗涤和洗脱四个步骤。在萃取样品之前要用适当的溶剂淋洗固相萃取柱，以消除吸附剂上吸附的杂质及其对目标化合物的干扰，激活固定相表面的活性基团的活性。活化通常采用两个步骤，先用洗脱能力较强的溶剂洗脱去柱中残存的干扰物，激活固定相；再用洗脱能力较弱的溶剂淋洗柱子，以使其与上样溶剂匹配。上样是将液态或溶解后的固态样品倒入活化后的固相萃取柱中。洗涤和洗脱是在样品进入吸附剂、目标化合物被吸附后，先用较弱的溶剂将弱保留干扰化合物洗掉，然后再用较强的溶剂将目标化合物洗脱下来，加以收集。其他方法有固相微萃取法、超临界流体萃取法、蒸馏与挥发法和膜分离法。

第三节　外可见分光度计在食品检测中的应用

一、数据分析类型

（一）光度测量

生产食品的过程中，为了能够使得有颜色的饮料（比如红茶、橙汁、啤酒等）颜色相同，紫外－可见分光光度计可以用来测定其吸光光度值，使其符合一定的标准，保证产品合格。该方法还可以在发酵业检测食品的发酵程度。另外，对于一些成分单一的产品，也可以通过该方法测定其吸光度值以确定产品是否合格。

（二）定性分析

物质能够吸收光谱，是因为物质中的分子和原子吸收入射光的光能量，导致分子振动能级和电子能级跃迁。不同物质吸收的光能量之所以不同，是由于其含有不同的原子、分子、空间结构。正因如此，每种物质和吸收光谱曲线是一一对应的，主要是通过吸收光谱上的某些特性波长处的最大吸收峰值及波形图来判断是否存在某种物质。另外，食品中经常含有食品添加剂，食品添加剂的质量也可以使用紫外-可见分光光度计进行分析。例如，一些含有甜味剂、鲜味剂等的食品，采用紫外-可见分光光度计进行检测，可以检查食品是否含有违禁添加剂。该方法还能分析物质结构，作为质谱（mass spectrum，MS）、红外光谱（infrared spectroscopy，IR）、核磁共振（nuclear magnetic resonance，NMR）等方法的辅助手段。

（三）DNA/蛋白质分析

DNA 和蛋白质都是生物大分子，其紫外光吸收一般是分子内的小基团引起的。嘌呤碱、嘧啶碱及其组成的核苷、核苷酸对紫外光都有很强的吸收能力，其最大吸收值在波长 260 纳米处。蛋白质分子中，酪氨酸（tyrosine，Tyr）、苯丙氨酸（phenylalanine，Phe）、色氨酸（tryptophan，Trp）残基带有苯环，苯环属于发色基团，并且肽键也是发色基团，因此蛋白质对紫外光有吸收，酪氨酸的最大吸收峰在波长 274 纳米处，苯丙氨酸在波长 257 纳米处，色氨酸在波长 280 纳米处，肽键在波长 238 纳米处。由此可以定量地检测食品中生物大分子的含量。下面就对一些具有代表性的紫外-可见分光光度计在食品检测中的具体应用做简要说明。

二、紫外－可见分光光度计在食品检测中的具体应用

（一）酒葡萄原汁中维生素 B 的测定

维生素 B（vitamin B）又称吡哆素，其包括吡哆醇、吡哆醛及吡哆胺，在体内以磷酸酯的形式存在，是一种水溶性维生素，遇光或碱易破坏，不耐高温。1936 年定名为维生素 B，维生素 B 为无色晶体，易溶于水及乙醇，在酸液中稳定，在碱液中易破坏，吡哆醇耐热，吡哆醛和吡哆胺不耐高温。维生素 B 在酵母菌、肝脏、谷粒、肉、鱼、蛋、豆类及花生中含量较多。维生素 B 为人体内某些辅酶的组成成分，参与多种代谢反应，尤其是和氨基酸代谢有密切关系。紫外-可见分光光度法测定维生素 B 的原理是：以 0.035 摩尔/升 CH，COOH 为介质，测定维生素 B 溶液体系简单，操作方便、快速，线性范围宽。测定和样品处理：

取系列标准维生素 B 溶液于 10 毫升比色管中，加入 0.10 摩尔 / 升 CH，COOH 溶液 3.5 毫升，用水稀释至刻度，摇匀。在 UV-240 紫外 - 可见分光光度计上，用 1 厘米比色皿，以试剂空白为参比，于 295 纳米处测定吸光度，求得工作曲线。取系列标准维生素 B 片剂或针剂，配制成 0.2 毫克 / 毫升溶液与标准系列一样进行测定，用工作曲线法即可求得维生素 B 的含量。

（二）番茄红素的测定

番茄红素是一种具有多种生理功能的类胡萝卜素，通常状况下与其他类胡萝卜素同时存在于多种生物体中。在实际研究中，番茄红素的准确测定始终是困扰研究人员的一个难题。目前的测定方法主要有：

（1）以苏丹红代替番茄红素作为标准品，绘制标准曲线，用以测定番茄红素的含量。

（2）以石油醚或正己烷为溶剂，在 472 纳米比色测定其吸光度，用摩尔消光系数来计算其中番茄红素的含量。

（3）用高压液相色谱法，通过与标准样品的峰面积比来测定样品中番茄红素的含量。现有这几种测定番茄红素的方法普遍存在着一定的缺陷：①不需要标准品，但其系统误差较大，同时又不能排除 β - 胡萝卜素等其他类胡萝卜素的干扰；②要求有番茄红素的标准样品，而高纯度的番茄红素本身稳定性很差，不宜长期存放，且价格非常昂贵，日常测定难度很大。另外，高效液相色谱（HPLC）测定又要受到仪器设备及标准样品的限制。

紫外 - 可见分光光度法测定番茄红素有两种方法：一种方法是采用苏丹红 I 代替番茄红素作为对照品，以 485 纳米波长下测得的吸光度为纵坐标，苏丹红 I 对照品溶液浓度为横坐标，绘制标准曲线，同时测定待测样品溶液在 485 纳米波长下的吸光度值，通过标准曲线计算样品中番茄红素的含量。国标 GB/T14215—2008 就是利用该法来测定番茄酱中番茄红素的含量的。郑丽丽等（2006）利用该方法测定番茄红素片中番茄红素的含量，结果显示该方法简便快捷、稳定准确，适合番茄红素片剂的含量测定。另外一种方法是在 472 纳米下测定待测样品溶液的吸光度，利用番茄红素的最大摩尔吸光系数的经验数值（E=18.5 × 104）计算番茄红素的含量。

（三）蜂蜜中果糖的测定

果糖的测定法有高效液相色谱法、离子选择电极法、傅里叶变换近红外光谱法和分光光度法等，前三种方法的操作都较复杂，而分光光度法报道的方法中均加入显色剂，如间苯二酚、铁氰化钾等，这些物质对环境有污染。采用紫外可见分光光度法测定果糖时，所加入的试剂仅为浓盐酸，减少了对环境的污染。该方法的原理是：果糖在盐酸作用下生成羟甲基糠醛，在波长 291 纳米处有最大紫外吸收，果糖含量在 0 ～ 30 毫克 / 升范围内服从比尔定律。

果糖标准液：称取 0.100 0 克 D 果糖（生化试剂）溶于二次蒸馏水中，并定容到 1 000 毫升，得 0.1 毫克 / 毫升标准液。

样品处理：在具塞比色管中加入适量的 0.1 毫克 / 毫升的果糖标准液，加入 3 毫升浓 HCI，用二次水定容至 10 毫升，在沸水浴中加热 8 分钟，取出用流水冷却。

测定：称取蜂蜜 0.173 6 克，定容至 100 毫升。分别对标液和样液用 1 厘米比色 M 在 291 纳米波长下，以试剂空白为参比，测定吸光度，从而计算果糖含量。

（四）大豆总异黄酮含量的测定

大豆异黄酮是一类从大豆中分离提取的主要活性成分，具有异黄酮类化合物的典型结构。目前发现的大豆异黄酮共有 12 种，分为游离型的苷元和结合型的糖苷两类，主要活性成分为两种含量较高的苷元成分：金雀异黄素和大豆素。生物活性研究表明，大豆异黄酮特别是其中的金雀异黄素和大豆素，具有抗氧化、抗肿瘤、改善心血管、抗骨质疏松等功效。近年来，大豆异黄酮的生理活性已越来越引起社会和研究界的普遍重视，以大豆异黄酮作为食品添加剂的食品和制品在日本比较普遍，有些已走向欧美市场。国内关于大豆异黄酮的研究近些年来逐渐增多，出现了一些以大豆异黄酮为食品添加剂的食品及保健食品、保健药品。国外文献关于大豆异黄酮的含量测定多采用高效液相色谱法或气相色谱 - 质谱（GcmS）联用方法。这两种方法需要较多种类的单体标准品，且操作不便。

为建立一种检测食物中大豆异黄酮含量的快速分析方法，张玉梅等（2000）以大豆中的活性成分金雀异黄素为标准品，在其紫外最大吸收峰 259 纳米处测定大孔吸附树脂法配合溶剂法提取制得的大豆异黄酮试样的含量，大豆异黄酮试样中总异黄酮的含量以金雀异黄素计算为 38.7%，平均加样回收率为 99.86%，相对标准偏差为2.6%，方法简便，重现性好，可作为检测大豆异黄酮含量的一种手段。

（五）食品中甜蜜素的测定

甜蜜素（环己基氨基磺酸钠）是一种新型的人工合成甜味剂，其甜度是蔗糖的30～40倍。我国于1986年正式批准在饮料、糕点、蜜饯中使用甜蜜素。近年对甜蜜素的毒理学研究发现其可能有致癌性及其代谢产物环己胺对心血管系统和睾丸有毒理作用，成为人们关注的焦点。为此，《食品添加剂使用卫生标准》（GB 2760—2014）中明确规定了其使用范围及最大使用量。测定食品中甜蜜素的方法很多，国内外文献报道的方法有比色法、重量法、红外分光光度法、气相色谱法、薄层色谱法。这些方法的主要缺点是操作烦琐、费时，仪器条件要求高，不利于推广。与其他光谱分析方法相比，紫外－可见分光光度计的仪器设备和操作都比较简单，费用少，分析速度快，灵敏度高，选择性好，精确度与准确度好，用途广泛。

紫外可见分光光度法测定甜蜜素的原理是：用乙酸乙酯在酸性条件下提取食品中的甜蜜素（环己基氨基磺酸钠），再以碱性水反提取，加入过量的次氯酸钠将甜蜜素转变为N，N－二氯环己胺，溶于环己烷，在波长304纳米处测定。标准工作曲线绘制：分别吸取甜蜜素标准溶液0.00毫升、2. 00毫升、4.00毫升、6.00毫升、8.00毫升、10.00毫升于250毫升分液漏斗中，各加入10%硫酸溶液100毫升、乙酸乙酯80毫升振摇，提取2分钟，弃水相。用30毫升、20毫升、20毫升、0.1摩尔/升氢氧化钠溶液振摇提取3次，每次1分钟合并水相于另一250毫升分液漏斗中，往水相中加入环己烷10毫升，振摇提取1分钟，弃去环己烧，加入10%硫酸溶液15毫升环己烷10.0毫升，20克/升次氯酸钠溶液5毫升，振摇2分钟，再加入20克/升次氯酸钠溶液5毫升，振摇2分钟，弃水相，先后用0.1摩尔/升NaOH溶液、蒸馏水各50毫升洗涤环己烷层，经脱脂棉将环己烷层滤于10毫升比色管中，用环己烷作参比，于波长304毫米处测定吸光度。样品测定：①液体食品和可溶于水的固体：称取相当于含甜蜜素6.0毫克的样品（如含CO_2，先加热除去）于250毫升分液漏斗中，以下与标准曲线方法相同。②不溶于水的固体：称取适量经磨碎的固体于100毫升容量瓶中，加水至刻度，摇匀，浸泡 1 小时以上，取相当于甜蜜素 6.0 毫克的滤液于 250 毫升分液漏斗中，以下同标准曲线方法。

（六）食品中咖啡因的测定

目前，测定咖啡因的方法有电化学法、光谱法、气相色谱法、液相色谱法等。而用紫外分光光度法进行咖啡因测定，只需加入几种试剂来消除干扰，它与美国分析化学家协会（Association of Official Analytical Chemists，AOAC）的分析方法比较，操作更简便、快速、准确。该方法的测定原理为：可可类食品中除咖啡因外，还含有可可碱等成分，茶叶中还含有酚类、没食子酸和叶绿素等成分，这些成分均可溶于水，当用二氯甲烷作萃取剂时只有咖啡因被萃取，经多次萃取后在 277 纳米处测定吸光度，即可求咖啡因的含量。利用咖啡因与其他物质在有机溶剂中的溶解性能不同加以分离提取，然后根据咖啡因对紫外光有强烈吸收，在一定含量范围内与吸光度成正比。样品处理：取适量样品（含 CO_2 的样品应预先加热赶气，固体不溶性样品应加水置沸水浴 1 小时，并不断搅拌），磨碎于三角瓶中，加沸水 75 毫升在沸水浴中加热 45 分钟，趁热过滤于容量瓶中，洗涤 2 ～ 3 次，冷却后定容，吸取溶液 10 毫升于 50 毫升容量瓶中，加 5 毫升 0.01 摩尔 / 升的盐酸溶液和 1 毫升碱性乙酸铅溶液去除茶叶中重金属离子，用蒸馏水定容。移取上述溶液 30 毫升于 50 毫升分液漏斗中，每次用 5.0 毫升二氯甲烷萃取（共 7 次），合并萃取液定容至刻度。测定：从二氯甲烷为溶剂的咖啡因储备液（e= 500 皮克 / 毫升）中分别移取 0.00 毫升、0.50 毫升、1.00 毫升、1.50 毫升、2.00 毫升、2.50 毫升、3.00 毫升、3.50 毫升于 50 毫升容量瓶中，用二氯甲烷定容得系列标准液，在 277 纳米处测定吸光度，同时将上述已处理好的样液在 277 纳米处测定吸光度，从工作曲线上即可求得茶叶中咖啡因的含量。

（七）食品中硝酸盐的测定

用普通紫外分光光度法测硝酸盐与亚硝酸盐时，硝酸盐的最大吸收波长在 203 纳米左右，而亚硝酸盐的最大吸收波长在 208 纳米左右，两者的吸收光谱有很大部分重叠，给测定带来了一定的困难，而利用紫外 - 可见分光光度法可以有效避免这种现象的发生。该方法的原理是：利用亚硝酸盐与盐酸间苯二胺发生重氮化偶联反应，生成环偶氮亚氨基化合物，在紫外区有选择性吸收而进行测定。样品处理：称取约10.00克经绞碎混匀的样品，置于打碎机中，加70毫升水和12毫升氢氧化钠溶液（20克/升）混匀，用氢氧化钠溶液（20克/升）调pH=8，转移至200毫升容量瓶中加10毫升硫酸锌溶液，混匀，如不产生白色沉淀再补加2～5毫升NaOH混匀。放置0.5小时，用滤纸过滤，弃去初滤液20毫升，收集滤液。测定：吸取上述滤液10毫升于50毫升比色管中，用水稀释至刻度，另分别取0.00毫升、0.20毫升、0.50毫升、1.00毫升、2.00毫升、3.00毫升亚硝酸钠标准使用液（5皮克/毫升），置于50毫升比色管中，用水稀释至刻度，于样品管中分别加入10%盐酸间苯二胺溶液1毫升混匀，放置5分钟后用1厘米的比色皿于波长440纳米处测定吸光度。从标准工作曲线求得亚硝酸盐的含量。

（八）谷氨酸钠含量的测定

谷氨酸钠（monosodium glutamate，MSG）是调味料的一种，俗称味精。谷氨酸钠的主要作用是增加食品的鲜味，在中国菜里用得较多，也可用于汤和调味汁。谷氨酸钠是以粮食为原料经发酵提纯的结晶。我国自1965年以来已全部采用糖质或淀粉原料生产谷氨酸，然后经等电点结晶沉淀、离子交换或锌盐法精制等方法提取谷氨酸，再经脱色、脱铁、蒸发、结晶等工序制成谷氨酸钠结晶。

紫外-可见分光光度法测定谷氨酸钠的原理是：采用一阶导数法（有效扣除浑浊背景，吸收光谱曲线平坦的干扰物质）来测定谷氨酸的含量。样品处理与测定：分别吸取50毫克/毫升的谷氨酸钠标准溶液0.0毫升、0.5毫升、1.0毫升、2.0毫升、4.0毫升、6.0毫升、8.0毫升、10.0毫升于10毫升比色管中，加纯水至刻度，用紫外-可见分光光度计进行扫描。以纯水为参比，经一阶导数处理，于230纳米处测得一阶导数值，以相应的浓度对其导数值作图，即得标准工作曲线。称取1～2克样品加水溶解并定容至50毫升，经一阶导数处理，于230纳米处测其导数值，从标准工作曲线计算谷氨酸钠的含量。

（九）发酵食品中黄曲霉毒素含量的测定

黄曲霉毒素（aflatoxins，AFT）系以发霉粮食为原料或曲种的发酵食品中产生的一种强致癌毒物。测定黄曲霉毒素含量的方法有许多种，由于仪器或试剂昂贵，使用很不经济，所以目前仍采用薄层法。该法虽有其优点，但操作复杂，技术要求高，重现性差。用紫外-分光光度法测定粮油和发酵食品中的黄曲霉毒素，准确可靠，具有灵敏、快速、经济的优点。该方法的测定原理为水溶性样品经稀释后直接以氯仿提取，固体样品先用甲醇水 - 石油醚脱油提取，甲醇水提取液稀释后再以氯仿反提取。氯仿提取液脱水后进行微柱色谱，杂质被氧化剂吸附，黄曲霉毒素被硅镁吸附剂吸附。在波长为 365 纳米的紫外光下有最大吸光值，呈蓝紫色荧光，吸光值与 AFT 的含量呈线性关系，以此作为定量测定。

第七章　红外光谱法

第一节　红外光谱仪的基本结构与原理

一、概述

红外光谱法（infrared spectroscopy）是研究红外线与物质间相互作用的科学，即以连续变化的各种波长的红外线为光源照射样品时，引起分子振动和转动能级之间的跃迁，所测得的吸收光谱为分子的振转光谱，又称红外光谱。傅里叶光谱法就是利用干涉图和光谱图之间的对应关系，通过测量干涉图和对干涉图进行傅里叶积分变换的方法来测定和研究光谱图。和传统的色散型光谱仪相比较，傅里叶光谱仪可以理解为以某种数学方式对光谱信息进行编码的摄谱仪，它能同时测量、记录所有谱元信号，并以更高的效率采集来自光源的辐射能量，从而使其具有比传统光谱仪高得多的信噪比和分辨率；同时，其数字化的光谱数据，也便于数据的计算机处理和演绎。正是这些基本优点，使傅里叶变换光谱方法发展为目前红外和远红外波段中最有力的光谱工具，并向近红外、可见和紫外波段扩展。

红外光谱在化学领域中主要用于两个方面：一是分子结构的基础研究，应用红外光谱可以测定分子的键长、键角，以此推断出分子的立体构型；根据所得的力学常数可以知道化学键的强弱；由简正频率来计算热力学函数。二是对物质的化学组成的分析，用红外光谱法可以根据光谱中吸收峰的位置和形状来推断未知物的结构，依照特征吸收峰的强度来测定混合物中各组分的含量。物质的红外光谱是其分子结构的反映，谱图中的吸收峰与分子中各基团的振动形式相对应。其中应用最广泛的还是化合物的结构鉴定，根据红外光谱的峰位、峰强及峰形判断化合物中可能存在的官能团，从而推断出未知物的结构。在研究了大量化合物的红外光谱后发现，不同分子中同一类型基团的振动频率是非常相近的，都在一较窄的频率区间出现吸收谱带，这种吸收谱带的频率称为基团频率（group frequency）。中红外光谱区可分为4 000～1 300 cm^{-1}和1 300～600 cm^{-1}两个区域。4 000～1 300 cm^{-1}区域的峰是由伸缩振动产生的吸收带。该区域内的吸收峰比较稀疏，易于辨认，常用于鉴定官能团，因此称为官能团区或基团频率区。在1 300～600 cm^{-1}区域中，除单键的伸缩振动外，还有因变形振动产生的复杂谱带。这些振动与分子的整体结构有关，当分子结构稍有不同时，该区的吸收就有细微的差异，并显示出分子的特征，就像每个人都有不同的指纹一样，因此称为指纹区（fingerprint region）。指纹区对于区别结构类似的化合物很有帮助，而且可作为化合物存在某种基团的旁证。

二、红外光谱的解析

分析红外光谱的顺序是先官能团区，后指纹区；先高频区，后低频区；先强峰，后弱峰。先在官能团区找出最强峰的归宿，然后再找对应的相关峰，确定分子中存在的官能团。在解析图谱时，应了解样品的来源、制备方法、熔沸点及溶解性等。同时要区别和排除样品本身吸收的假谱带（如 H_2O 的吸收等）及微量杂质的存在对谱图造成的干扰。目前人们对已知化合物的红外光谱图已陆续汇集成册，这就给鉴定未知物带来了极大的方便。如果未知物和某已知物具有完全相同的红外光谱，那么这个未知物的结构也就确定了。应当指出，红外光谱只能确定一个分子所含的官能团，即化合物的类型，要确定分子的准确结构，还必须借助其他波谱甚至化学方法的配合。

三、红外光谱的基本原理

（一）理论基础

红外光谱是由于分子振动能级（同时伴随转动能级）跃迁而产生的，物质吸收红外辐射应满足两个条件：①辐射光具有的能量应满足物质产生振动跃迁所需的能量；②辐射与物质间有相互偶合作用。

（二）红外吸收与分子结构

红外光谱源于分子振动产生的吸收，其吸收频率对应于分子的振动频率（例如双原子分子的振动）。从经典力学的观点，采用谐振子模型来研究双原子分子的振动，即化学键的振动类似于无质量的弹簧连接两个刚性小球，它们的质量分别等于两个原子的质量。

根据胡克定律，实际上在一个分子中，基团与基团之间、化学键与化学键之间都会相互影响。因此，振动频率不仅取决于化学键两端的原子量和键力常数，还与内部结构和外部因素（化学环境）有关。原子的种类和化学键的性质不同，以及各化学键所处的环境不同，导致不同化合物的吸收光谱具有各自的特征。大量实验结果表明，一定的官能团总是对应于一定的特征吸收频率，即有机分子的官能团具有特征红外吸收频率。这对利用红外谱图进行分子结构鉴定具有重要意义，据此可以对化合物进行定性分析。

（三）傅里叶变换红外光谱仪（Fourier transform infrared spectrometer，FTIR）的基本构成及其工作原理

1. 仪器的基本构成

光源：光源能发射出稳定、高强度连续波长的红外光，通常使用能斯特（Nernst）灯、碳化硅或涂有稀土化合物的镍铬旋状灯丝。

干涉仪：迈克尔逊干涉仪（Michelson interferometer）的作用是将复色光变为干涉光。中红外干涉仪中的分束器主要是由溴化钾材料制成的；近红外分束器一般以石英和 CaF_2 为材料；远红外分束器一般由 Mylar 膜和网格固体材料制成。

检测器：检测器一般分为热检测器和光检测器两大类。热检测器是把某些热电材料的晶体放在两块金属板中，当光照射到晶体上时，晶体表面电荷的分布发生变化，由此可以测量红外辐射的功率。热检测器有氘代硫酸三甘肽（DTGS）、钽酸锂（LiTaO3）等类型。光检测器是利用材料受光照射后，由于导电性能的变化而产生信号，最常用的光检测器有锑化铟（InSb）、碲镉汞（MCT）等类型。

2. 工作原理

用一定频率的红外线聚焦照射被分析的试样，如果分子中某个基团的振动频率与照射红外线相同就会产生共振，这个基团就吸收一定频率的红外线，把分子吸收红外线的情况用仪器记录下来，便能得到全面反映试样成分特征的光谱，从而推测化合物的类型和结构。20 世纪 70 年代出现的傅里叶变换红外光谱仪是一

种非色散型红外吸收光谱仪，其光学系统的主体是迈克尔逊干涉仪。干涉仪主要由两个互成 90° 角的平面镜（动镜和定镜）和一个分束器组成。固定定镜、可调动镜和分束器组成了傅里叶变换红外光谱仪的核心部件——迈克尔逊干涉仪。动镜在平稳移动中要时时与定镜保持 90° 角。分束器具有半透明性质，位于动镜与定镜之间并和它们成 45° 角放置。由光源射来的一束光到达分束器时即被它分为两束，一束为反射光，一束为透射光，其中 50% 的光透射到动镜，另外 50% 的光反射到定镜。射向探测器的两束光会合在一起成为具有干涉光特性的相干光。动镜移动至两束光光程差为半波长的偶数倍时，这两束光发生相长干涉，干涉图由红外检测器获得，结果经傅里叶变换处理得到红外光谱图。

第二节　样品预处理技术

一、红外光谱样品制备方法及一般要求

红外光谱的优点是应用范围非常广泛。测试的对象可以是固体、液体或气体，单一组分或多组分混合物，各种有机物、无机物、聚合物、配位化合物，复合材料、木材、粮食、土壤、岩石等。对不同的样品要采用不同的制样技术，对同一样品，也可以采用不同的制样技术，但可能得到不同的光谱。所以要根据测试目的和要求选择合适的制样方法，才能得到准确可靠的测试数据。

二、固体样品的制备

（一）压模的构造

压模的构造由压杆和压舌组成。压舌的直径为 13 毫米，两个压舌的表面光洁度很高，以保证压出的薄片表面光滑。因此，使用时要注意样品的粒度、湿度和硬度，以免损伤压舌表面的光洁度。

（二）压模的组装

将其中一个压舌放在底座上，光洁面朝上，并装上压片套圈，研磨后的样品放在这一压舌上，将另一压舌光洁面向下轻轻转动以保证样品平面平整，按顺序放压片套筒、弹簧和压杆，加压 104 千克力（lkgf = 9.8 牛顿），持续 1 分钟。拆模时，将底座换成取样器（形状与底座相似），将上、下压舌及其中间的样品片

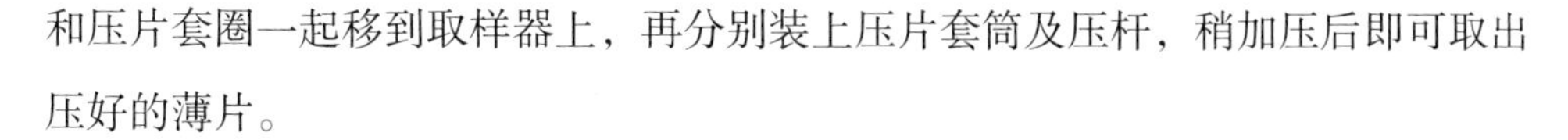

和压片套圈一起移到取样器上，再分别装上压片套筒及压杆，稍加压后即可取出压好的薄片。

（三）样品的制备

（1）压片法：是将 1 ～ 2 毫克固体试样在玛瑙研钵中充分磨成细粉末后，与 200 ～ 400 毫克干燥的纯溴化钾（AR 级）研细混合，研磨至完全混匀，粒度约为 2 皮秒（200 目），取出约 100 毫克混合物装于干净的压模模具内（均匀铺洒在压模内），于压片机在 20 兆帕压力下压制 1 ～ 2 分钟，压成透明薄片，即可用于测定。在定性分析中，所制备的样品最好使最强的吸收峰透过率为 10% 左右。

（2）糊状法：在玛瑙研钵中，将干燥的样品研磨成细粉末。然后滴 1 ～ 2 滴液体石蜡混研成糊状涂于 KBr 或 NaCl 窗片上测试。

（3）薄膜法：将样品溶于适当的溶剂中（挥发性的，极性比较弱，不与样品发生作用）滴在红外晶片上（溴化钾、氯化钾、氟化钡等），待溶剂完全挥发后就得到样品的薄膜。滴在溴化钾上是最好的方法，可以直接测定。而且，如果吸光度太低，可以继续滴加溶液；如果吸光度太高，可以加溶剂溶解掉部分样品。此法主要用于高分子材料的测定。

（4）溶液法：把样品溶解在适当的溶液中，注入液体池内测试。所选择的溶剂应不腐蚀池窗，在分析波数范围内没有吸收，并对溶质不产生溶剂效应。一般使用 0.1 毫米的液体池，溶液浓度在 10% 左右为宜。

三、液体样品的制备

（一）液体池的构造

液体池由后框架、窗片框架、垫片、后窗片、间隔片、前窗片和前框架 7 个部分组成。一般的后框架和前框架由金属材料制成，前窗片和后窗片为 NaCl、KBr、KRS-5 或 ZnSe 等晶体薄片，间隔片常由铝箔或聚四氟乙烯等材料制成，起着固定液体样品的作用，厚度为 0.01 ～ 2 毫米。

（二）装样和清洗方法

吸收池应倾斜 30°，用注射器（不带针头）吸取待测样品，由下孔注入直到上孔看到样品溢出为止，用聚四氟乙烯塞子塞住上、下注射孔，用高质量的纸巾擦去溢出的液体后，便可测试。测试完毕后，取出塞子，用注射器吸出样品，由下孔注入溶剂，冲洗 2 ～ 3 次。冲洗后，用吸球吸取红外线灯附近的干燥空气吸入液体池内以除去残留的溶剂，然后放在红外线灯下烘烤至干，最后将液体池存放在干燥器中。

（三）液体池厚度的测定

根据均匀的干涉条纹数目可测定液体池的厚度，测定方法是将空的液体池作为样品进行扫描，由于两盐片间的空气对光的折射率不同而产生干涉。一般选定 1 500 ～ 600 cm^{-1} 的范围较好。

（四）液体样品的制备

（1）有机液体：最常用的是溴化钾和氯化钠，但氯化钠低频端只能到 650 cm^{-1}，溴化钾可到 400 cm^{-1}，所以最适合的是溴化钾（KBr）。用溴化钾液体池，测试完毕后要用无水乙醇清洗，并用镜头纸或纸巾擦干，使用多次后，晶片会有划痕，而且样品中微量的水会溶解晶片，使之下凹，此时需要重新抛光。

（2）水溶液样品：可用有机溶剂萃取水中的有机物，然后将溶剂挥发干，所留下的液体涂于 KBr 窗片上测试。应特别注意含水的样品不能直接注入溴化钾或氯化钠（NaCI）液体池内测试。水溶性的液体也可选择其他窗片进行测试，最常用的是氟化钡（BaF_2）、氟化钙（CaF_2）晶片等。

（3）液膜法：样品的沸点高于 100℃可采用液膜法制样。黏稠的样品也采用液膜法。非水溶性的油状或黏稠液体，直接涂于溴化钾窗片上测试。非水溶性的流动性大沸点低（≤ 100℃）的液体，可夹在两块溴化钾窗片之间或直接在两个盐片间滴加 1 ～ 2 滴未知样品，使之形成一个薄的液膜，然后在液体池内测试。流动性大的样品，可选择不同厚度的垫片来调节液体池的厚度。对强吸收的样品用溶剂稀释后再测定，测试完毕使用相应的溶剂清洗红外窗片。

四、样品测试的一般步骤

将样品压片装于样品架上放于 FTIR 的样品池处。先粗测透光率是否超过 40%，若达到 40% 以上即可进行扫谱，从 4 000 cm^{-1} 开始到 400 cm^{-1} 为止。若未达到40%则重新压片。仪器的操作步骤如下。

（一）开机按顺序

开启红外光谱仪稳压电源、显示器、计算机主机及打印机等电源开关。

（二）启动软件

（1）开启计算机主机开关后，计算机会根据配置进入Windows或Vista操作系统。

（2）双击桌面[OMINIC]快捷键后进入OMINIC工作站。

（三）仪器初始化

进入OMINIC工作站界面后，仪器自动初始化，待其右上角出现“V光学台状态”，仪器预热10分钟左右即可进行测量。

（四）参数设定

点击[采集]菜单栏下“实验设置”，在[实验设置]窗口中，根据需要选择适当的参数。对于常规操作参数的设定如下：①在[采集]标签栏中，设置扫描次数，选择“32次”；分辨率选择“4.0”；最终格式选择“%透过率”校正选择“无”；背景处理选择“采集背景在120分钟后”。②在[光学台]标签栏中，设置推荐范围，选择“4 000-400”。

（五）光谱测定

（1）采集背景的红外光谱：打开样品室盖，将空白对照放入样品室的样品架上，盖上样品室盖。点击[采集]菜单栏下“采集背景”，弹出对话框，点击[确定]，进行背景扫描。

（2）采集样品的红外光谱：打开样品室盖，取出空白对照，将经适当方法制备的样品放入样品室的样品架上，盖上样品室盖。点击[采集]菜单栏下“采集样品”，进行样品扫描。数据采集完成后，弹出“数据采集完成”窗口，点击“是”。

（3）保存样品光谱数据：然后选择[文件]菜单栏下“保存”，出现“另存为”窗口，下拉选择“保存类型”为“CSV文本（*.CSV）”，输入保存文件名，点击“保存”。

（4）打印图谱：激活要打印的谱图，选择[文件]＞[打印]，出现弹出窗口，点击确定，在接下来的窗口中选择模板报告，点击打开，点击 [打印] 打印报告，打印前可选择 [文件] ＞ [打印预览] 预览打印报告。

（5）测定下一样品的红外光谱：重复 2 ～ 4 操作，如果长时间操作且采用同一背景，可以在上述“背景处理”设置“采集背景在 120 分钟后”时将时间延长。

（六）扫谱结束

扫谱结束后，取下样品池，松开螺钉，套上指套，小心取出盐片。首先，用软纸擦净液体，滴上无水乙醇，洗去样品，切忌用水洗。其次，于红外线灯下用滑石粉及无水乙醇进行抛光处理。最后，用无水乙醇将表面洗干净，擦干，烘干，按要求将模具、样品架等擦净收好，将盐片收入干燥器中保存。

（七）关机

（1）选择 [文件] → [退出]，退出程序。

（2）在计算机桌面的开始菜单中选择关机，出现安全关机提示。

（3）关闭计算机电源。

（4）关闭仪器电源。

（5）关闭稳压电源。绘出其红外光谱进行对照，图谱相同，则肯定为同一化合物；标准图谱查对法是一种最直接、最可靠的方法，根据待测样品的来源、物理常数、分子式以及谱图中的特征谱带，查对标准图谱来确定化合物。

图谱的一般解析过程大致如下：①先从特征频率区入手，找出化合物所含的主要官能团。②指纹区分析，进一步找出官能团存在的依据。因为一个基团常有多种振动形式，所以确定该基团就不能只依靠一个特征吸收，必须找出所有的吸收带才行。③对指纹区谱带位置、强度和形状进行仔细分析，确定化合物可能的结构。④对照标准图谱，配合其他鉴定手段，进一步验证。⑤把扫谱得到的图谱与已知标准图谱进行对照比较，并找出主要吸收峰的归属。

五、仪器使用及图谱解析的一般要求

在用未知物图谱查对标准图谱时，必须注意：①比较所有仪器与绘制的标准图谱在分辨率与精度上的差别，可能导致某些峰的细微结构差别。②未知物的测绘条件须一致，否则图谱会出现很大差别。当测定液体样品时，溶剂的影响大，必须要求一致，以免得出错误结论。若只是浓度不同，只会影响峰的强度，而每个峰之间的相对强度是一致的。③必须注意引入杂质吸收带的影响，应尽可能避免杂质的引入。如 KBr 压片可能吸水面引入了水的吸收带等。④固体样品经研磨（在红外线灯下）后仍应随时注意防止吸水，否则压出的片子易粘在模具上。⑤可拆式液体池的盐片应保持干燥透明，每次测定前后均应反复用无水乙醇及滑石粉抛光（在红外线灯下），但切勿用水洗。⑥停水停电的处置：在测试过程中发生停水停电时，按操作规程顺序关掉仪器，保留样品。待水电正常后，重新测试。仪器发生故障时，立即停止测试，找维修人员进行检查。故障排除后，恢复测试。

第三节　红外光谱法在食品检测中的应用

一、红外光谱技术在食品掺假检测中的应用

食品的掺假方式和种类多种多样，下面仅以油脂、肉类及蜂蜜产品为例，说明红外光谱在其掺假检测中的应用。

（一）检测油脂的掺假

市场中的橄榄油大致可分为特级纯、纯和精炼三个等级，高品质的橄榄油有其特有的风味，因而价格很高，特级纯橄榄油的价格约是其精炼产品的 2 倍。因此，向高品质油中掺杂较便宜的同类低档或不同种类价低的油，如葵花油、玉米油、菜籽油等便成为一种获利方式。根据油脂多次甲基链中的 C-H 和 C-O 在中红外光谱区振动方式和振动频率不同，因而反映油型信息不同的特性，从而判断有无掺假。对固态脂肪样品采用衰减全反射中红外光谱，液态油样采用中红外光纤进行分析。根据不饱和脂肪酸含量的不同，从脂肪的一阶导数光谱所得的第一主成分，可将黄油和菜油区分开来；对于液态油样，根据亚麻酸含量的差异，光谱进行二阶导数处理，利用第一主成分，使橄榄油和花生油与菜籽油加以区别，进而可对其相关掺假产品进行检测。

（二）检测肉类的掺假

红外区提供了许多可利用的分析信息，个体组成的吸收频率对其物理、化学状态的敏感性及现代仪器的高信噪比，意味着即使低浓度的组分也能被检测出来，

并同时测出多组分样品间的组成差异。肉类工业中国外已有运用此分析方法对火鸡、小鸡和猪肉等产品进行质量监控。肉类掺假表现在：加入同种或不同种动物低成本部分、内脏、水或较便宜的动植物蛋白等。用中红外光谱检测掺有牛肾脏或肝脏的碎牛肉，根据脂肪和瘦肉组织中蛋白质、脂肪、水分含量的不同对肉类产品加以辨别。由于肝脏中所含的少量肝糖原，使其中红外光谱图在 1 200 ～ 1 000 cm^{-1} 处有特征吸收，与其他类型样品（纯牛胸肉、牛颈肉、牛臀肉、牛肾）有明显可见的差异，因此很容易区分；并可分辨出牛肉、牛肝、牛肾以及牛的三个不同部位的分割肉 - 胸肉、颈肉、臀肉，能轻易区分出牛肉和内脏。

（三）检测蜂蜜产品的掺假

蜂蜜产品中掺入的物质多种多样，为其统一检测带来了一定的难度，而傅里叶转换红外光谱能快速、无损地获取样品的生物化学指纹。光谱分析前，将蜜样放于 50℃恒温水浴中以便将蔗糖晶体溶化，然后混匀样品。混合样品采用 ISIO 型衰减全反射傅里叶转换光谱仪进行扫描，选取 1 500 ～ 950 cm^{-1} 处的光谱图谱，利用其“指纹”特性，可辨别出蜂蜜中是否掺假。此外，在咖啡业中，它不仅可鉴别咖啡品种，还可检测速溶咖啡是否掺假。随着计算机技术和化学计量学的发展，应用红外光谱的“指纹”特性，可在线无损检测、再现性好等优势对食品质量监控起到重要的作用。

二、红外光谱技术在地理标志食品检验中的应用

很多产品的品质与其生产产地有密切联系，当产地变更时，产品的品质有很大的变化，产地环境是这类产品品质保证的重要因素，习惯上将这类产品称为原产地产品。如贵州茅台酒、陕西苹果、金华火腿、阿让李子干、帕尔玛火腿等就是其中的典型代表。为保障品质具有产地关联性产品的质量，世界各国在这类产品质量控制中引入了“地理标志”以区别于其他雷同产品。该类产品的产区需要通过严格认定，认定后的产地习惯上称为注册指定原产地（registered desig-nation of origin，RDO），该产地生产的该类产品在销售时可在包装上标注区别于其他雷同产品的标识，称为地理标志。WTO 发布的《与贸易有关的知识产权协议》将地理标志定义为：识别质量与品质、生产产地密切相关的货物来源于特定地理

区域的标识。地理标志是一种与版权、商标、专利、商业秘密等并列的知识产权。

我国在《地理标志产品保护规定》中将地理标志产品定义为：产自特定地域，所具有的质量、声誉或其他特性本质上取决于该产地的自然因素和人文因素，经审核批准以地理名称进行命名的产品。地理标志产品包括来自特定地区的种植、养殖产品及（部分）原料来自该地区且在当地按照特定工艺生产和加工的产品。

截至 2015 年 12 月底，我国认证通过的地理标志产品共 1 714 个，其中食品或农产品占 87.01%。但随着我国地理标志产品数量的急剧增多，地理标志保护技术的缺失越来越突出。开发能够鉴别地理标志产品真伪的技术是地理标志保护技术的重点。

（一）红外光谱技术对产地鉴定的原理

红外光是一种介于可见光区和微波区之间的电磁波，包括近红外光（NIR，0.78 ～ 2.5 微米）、中红外光（MIR，2.5 ～ 50 皮秒）和远红外光（FIR，50 ～ 100 皮秒）。红外光谱中振动峰的数目、位置、形状和强度与被测物质的组成、结构、性质有密切联系。研究表明，不同样品的红外光谱包含有不同的信息，即样品的红外光谱具有指纹性。在地理标志产品的检验中，通过对比不同产地的同类产品或其特定工艺条件下的提取物的红外光谱或其包含的信息，就可以实现对产品产地的鉴定。红外指纹图谱反映的是食品或农产品整体质量信息，是基于整体性和模糊性的判别方法。当样品的红外光谱图具有指纹性时，可作为一级图谱进行对比鉴定；当不同产地的同类产品的图谱相似时，可借助化学计量学消除背景干扰，分辨重叠波谱，揭示波谱数据中隐含的物质信息，建立判别模式，对食品或农产品的产地信息进行更为准确的分析，为地理标志食品的检验提供科学依据。常用的化学计量法有主成分分析（PCA）、偏最小二乘判别分析（PLS-DA）、聚类分析（CA）、线性判别分析（LDA）等。当样品量足够多时，可以采用多模式识别技术，以更准确地识别食品或农产品的产地及生境等。

（二）红外光谱在地理标志食品检验中的应用

1. 红外光谱在酒类产地检验中的应用

酒类属于发酵产品，其发酵过程的微生物区系与生产产地环境密切相关，因此，其质量与产地具有密切关联性。不同产地的酒，其口感和风味上有差异，主要体现在挥发性物质、多酚类物质、颜色、微量元素和同位素、花青素等物质含量的不同。红外光谱在地理标志酒类食品的产地检验中表现优异，尤其是近红外光谱。Cynkar 等将可见近红外光谱结合化学计量学的方法用于区分产自澳大利亚和西班牙的市售 Tempranillo 葡萄酒。研究发现，两种葡萄酒的近红外光谱图无显著差异，但对获得的近红外光谱图进行 PCA，分别用 PLSDA 和 LDA 建立判别模型，并对校正模型用全交叉验证法进行验证，发现 PLS-DA 模型对澳大利亚葡萄酒的鉴别准确率可达 100%，对西班牙葡萄酒的鉴别准确率则为 84.7%。相比之下，LDA 校准模型对澳大利亚葡萄酒的鉴别准确率只有 72%，对西班牙葡萄酒的鉴别准确率为 85%。于海燕等将近红外光谱技术用于区分产于绍兴和嘉善的中国米酒。在全近红外波长范围内，两种米酒的光谱带几乎重叠。用 PCA 和偏最小二乘相关分析法（PLSR）建立判别模型进行区分时，该判别模型对绍兴和嘉善米酒的分辨准确率高达 100%。Cozolino 等应用可见光近红外光谱结合化学计量学的方法区分产自不同国家的市售 Riesling 葡萄酒。通过扫描可见光近红外光谱，并在 PCA 基础上建立 PLS-DA 模型和逐步线性判别分析（SLDA）模型。结果表明 PLS-DA 模型对产自澳大利亚、新西兰和欧洲国家（法国和德国）的 Riesling 葡萄酒的鉴别准确率分别为 97.5%、80% 和 70.5%。而 SLDA 模型对澳大利亚、新西兰、法国和德国的 Riesling 葡萄酒的鉴别准确率分别为 86%、67%、67% 和 87.5%。

2. 红外光谱在奶酪产地检验中的应用

每个产地的奶酪生产工艺、原料奶的成分及奶酪成熟过程中发生的生物化学反应不同，致使各地产品的品质存在着差异。不同产地的奶酪在颜色及脂肪酸、总蛋白、水溶性氮等化学成分的含量上有差异。传统的奶酪产地鉴别技术是基于对认定产品独特化学成分分析，包括对奶酪脂肪分提物的气相色谱分析和蛋白质电泳分析等。这些方法虽然能有效地鉴别奶酪的产地，但存在耗时、分析成本高、操作过程复杂、不易实现在线检测等问题。红外光谱技术以其样品消耗量小、快速、经济等优点成为奶酪产地鉴别的新兴方法。研究近红外光谱、中红外光谱结合化学计量学方法鉴别源于不同欧洲国家 Em-mental 奶酪的可能性。采用 PCA、因子和判别分析（FDA）对光谱数据进行分析并对奶酪进行分类鉴定。采

用 NIRS 技术时，样品的校准光谱数据集、验证光谱数据集的分辨率分别为 89% 和 86.8%。

使用 MIRS 技术时，鉴别率最高为 100%。Eric 等将中红外光谱、衰减全反射（ATR）与化学计量学方法相结合的方法用于鉴定 25 个产于瑞士不同海拔奶酪样品的地理来源。在 3 000 ～ 2 800 cm^{-1} 和 1 500 ～ 900 cm^{-1} 内得到最好的鉴别率，分别为 90.5% 和 90.9%。

3. 红外光谱在橄榄油产地检验中的应用

橄榄油是一种价值较高的植物油脂，为了维护橄榄油销售市场，欧洲的橄榄油被贴上一些质量标签如 RDO。橄榄油的产地不同，其口感和品质不同。这主要是因为不同产地的橄榄油品种、橄榄油萃取技术及调配技术等存在差异。传统的鉴定橄榄油产地的鉴定方法（如基于橄榄油的物理化学性质的高效液相色谱法）存在着复杂、费时等缺点。因此，开发快速、简便的橄榄油产地鉴别技术意义重大。根据欧盟地理标志保护的相关规定，法国共有 7 种 RDOs 橄榄油。Galtier 等利用近红外光谱技术对产于法国的橄榄油进行了产地检测。傅里叶变换近红外光谱（FT-NIR）结合 PCA、PLS-DA 对产品进行鉴定。该方法对法国橄榄油的鉴别率为 47% ～ 55%。Hennessy 等在获取来自意大利 Ligurian 地区或非 Ligurian 地区的橄榄油的衰减全反射红外光谱（ATR-FT-IR）后进行 PCA。基于 PCA 的结果，研究者采用 PLS-DA 和 FDA 区分不同产地的橄榄油。而采用 PLS-DA 方法时需分别用校准和验证数据集构造和验证判别回归模型。实验结果为：PLS-DA 对数据集的灵敏性和选择性高于 FDA，分别为 0.80 和 0.70；39%TaggiasCa 地区的橄榄油和 25% 其他地区的橄榄油得到错误的分类。Tapp 等利用傅里叶变换红外光谱结合多元分析法区分源于不同欧洲国家的特级初榨橄榄油的地理来源。采用偏最小二乘线性判别分析（PLS-LDA）和遗传算法 - 线性判别分析（GA-LDA）分别对样品数据创建判别模型，以鉴别样品的地理来源。PLS LDA 模型的交叉验证的成功率为 96%，而 GA-LDA 方法则达 100%。

（三）红外光谱技术在蜂蜜中的应用

蜂蜜是一种广受欢迎的食品，含有大量的葡萄糖和果糖。某些地区生产的蜂蜜尤其是贴有 PDO 等标签的地理标志蜂蜜价格昂贵。蜂蜜掺假能降低成本，对于销售者或生产厂家来说经济上是有利的。因此，必须严格控制蜂蜜的质量，保证蜂蜜的真实性，保护消费者的权利。在地理标志蜂蜜的检验中，有以下步骤：样品制备，光谱采集，统计（化学计量学）分析。Henessy 等运用傅里叶变换红外光谱法和化学计量学方法验证欧洲和南美洲的蜂蜜样本（n =150）的地理来源。实验中，样品被稀释至一个固体含量标准，且光谱区域为 2 500 ～ 12 500 纳米。当使用小波段的光谱区域（6 800 ～ 11 500 纳米）代替全波段（2 500 ～ 12 500 纳米）时，鉴别率增大。PLSDA 对蜂蜜的鉴别正确率达 93.3%，FDA 对蜂蜜的鉴别正确率则达 94.7%。Tzayhri 等利用傅里叶变换红外光谱结合 ATR 和软独立建模分类法（SIMCA）对不同产地的墨西哥蜂蜜进行鉴定。通过对每个样本进行 SIMCA 分析，建立了对源于 4 个不同产地的纯蜂蜜样品的分类模型。验证 4 种蜂蜜样本的鉴别正确率高达 100%。WoodCoCk 等验证了 NIRS 技术检测蜂蜜地理来源的可能性。采用 PCA 对光谱数据集进行初步检测后，再用判别偏最小二乘回归和 SIMCA 进行分类。对于 SIMCA 方法，采用四个主成分时最好的判别模型对阿根廷蜂蜜的鉴别正确率达 100%。

第八章 PCR 技术

第一节 PCR 技术的检测原理与特点

PCR 是在试管内进行 DNA 合成的反应，基本原理类似于细胞内 DNA 的复制过程。但反应体系相对简单，包括拟扩增的 DNA 模板、特异性引物、dNTP 以及合适的缓冲液。其反应过程以拟扩增的 DNA 分子为模板，以一对分别与目的 DNA 互补的寡核苷酸为引物，在 DNA 聚合酶的催化下，按照半保留复制的机制合成新的 DNA 链，重复这一过程可使目的基因得到大量扩增。

一、反应五要素及作用

（一）引物 PCR 反应

成功扩增的一个关键条件是正确设计寡核苷酸引物。引物设计一般遵循以下原则：①引物长度：一般为 15 ～ 30bp（碱基对），常用为 20bp 左右，引物太短，就可能同非靶序列杂交，得到不需要的扩增产物。②引物扩增跨度：以 200 ～ 500bp 为宜，特定条件下可扩增至 10kb。③引物碱基：G+C 含量以 40% ～ 60% 为宜，G+C 太少扩增效果不佳，G+C 过多易出现非特异条带。A、T、G、C 最好随机分布，避免 5 个以上的嘌呤或嘧啶核苷酸成串排列。④避免引物内部出现二级结构：避免两条引物间互补，特别是 3 端的互补，否则会形成引物二聚体，产生非特异的扩增条带。⑤引物量：每条引物的浓度为 0.1 ～ 0.5 微微摩尔 / 升，以最低引物量产生所需要的结果为好；引物浓度偏高会引起错配和非特异性扩增，且可增加引物之间形成二聚体的机会。⑥引物的特异性：引物应与同一基因组中其他核酸序列无明显的同源性，即只与目标 DNA 区段有较高的同源性。

引物的作用有两个：①按照碱基互补的原则，与模板DNA上的特定部位杂交，决定扩增目的序列的特异性；②两条引物结合位点之间的距离决定最后扩增产物的长度。

（二）模板 PCR 反应

是以 DNA 为模板（template）进行扩增，DNA 可以是单链分子，也可以是双链分子；可以是线状分子，也可以是环状分子，通常来说，线状分子比环状分子的扩增效果稍佳。模板的数量和纯度是影响 PCR 的主要因素。在反应体系中，模板数量一般为 10^2 ～ 10^4 拷贝，1 纳克的大肠杆菌 DNA 就相当于这一拷贝数。PCR 甚至可以从一个细胞、一根头发、一个孢子或一个精子中提取的 DNA 为分析目的序列。模板量过多则可能增加非特异性产物。尽管模板 DNA 的长短不是 PCR 扩增的关键因素，但当用高分子量的 DNA（＞ 10kb）作模板时，可用限制性内切酶先进行消化（此酶不应切制其中的靶序列），扩增效果会更好。例如，用腺病毒载体（大小约为 30kb）为模板时，先用特异的限制性内切酶（Pa1）消化处理后，PCR 扩增效果会明显提高。单、双链 DNA 和 RNA 都可作为 PCR 的模板，如果起始模板为 RNA，则需先通过逆转录得到第一条 eDNA 链后才能进行 PCR 扩增。

（三）DNA 聚合酶

DNA 聚合酶（DNA polymerase）是推动 PCR 反应进行的机器，如果没有它的存在，PCR 反应就不可能进行。耐热 DNA 聚合酶包括 Taq DNA 聚合酶、Tth DNA 聚合酶、Vent DNA 聚合酶、SaC DNA 聚合酶以及修饰 Taq DNA 聚合酶等，以 Taq DNA 聚合酶的应用最广泛。TaqDNA 聚合酶是 1988 年由 Saiki 从水栖嗜热菌（ThermusaquatiCus）中分离提纯的耐热 DNA 聚合酶，分子量为 94 000，由 832 个氨基酸残基组成，热稳定性好，在 75℃～ 80℃条件下每个酶分子每秒钟可聚合约 150 个核苷酸，是目前 PCR 中最常用的聚合酶。一般 Taq DNA 聚合酶的活性半衰期为：92.5℃ 130 分钟，95℃ 40 分钟，97℃ 5 分钟。酶的活性单位定义为 74℃下 30 分钟掺入 10 纳摩尔 / 升 dNTP 到核酸中所需的酶量。

目前人们又发现许多新的耐热 DNA 聚合酶，这些酶的活性在高温下可维持更长时间。

（四）dNTP 脱氧核苷酸

dNTP 脱氧核苷酸是 DNA 的基本组成元件，为 DNA 合成所必需。PCR 中使用脱氧核苷酸通常是 4 种脱氧核苷酸的等摩尔混合物，即 dATP（腺嘌呤脱氧核糖核苷三磷酸）、dGTP（鸟嘌呤脱氧核糖核昔三磷酸）、dCTP（胞嘧啶脱氧核糖核苷三磷酸）和 dTTP（胸腺嘧啶脱氧核糖核苷三磷酸），通常统称为 dNTP。PCR 扩增效率和 dNTP 的质量与浓度有密切关系，dNTP 干粉呈颗粒状，如保存不当易变性失去生物学活性。dNTP 溶液呈酸性，使用时应配成高浓度，以 1 摩尔 / 升 NaOH 或 1 摩尔 / 升 TrisHCI 的缓冲液为宜，pH 调节到 7.0 ～ 7.5，少量分装，-20℃冰冻保存。多次冻融会使 dNTP 降解。在 PCR 反应中，dNTP 的浓度应为 50 ～ 200 微微摩尔 / 升，尤其注意 4 种 dNTP 的浓度要相等（等物质的量配制），如其中任何一种浓度不同于其他几种时（偏高或偏低），就会增加错配概率。dNTP 浓度过低又会降低 PCR 产物的产量。dNTP 能与 Mg^{2+} 结合，使游离的 Mg^{2+} 浓度降低。

（五）Mg^{2+}

反应体系中游离 Mg 的浓度对 PCR 反应中耐热 DNA 聚合酶的活性、PCR 扩增的特异性和 PCR 产物量有显著的影响。反应体系中 Mg^{2+} 浓度低时，会降低 Taq DNA 聚合酶的催化活性，得不到足够的 PCR 反应产物；过高时，非特异性扩增增强。此外，Mg^{2+} 浓度还影响引物的退火、模板与 PCR 产物的解链温度、产物的特异性、引物二聚体的生成等。在标准的 PCR 反应中，Mg^{2+} 的适宜浓度为 1.5 ～ 2.0 毫摩尔 / 升。值得注意的是，由于 PCR 反应体系中的 DNA 模板、引物和 dNTP 磷酸基团均可与 Mg^{2+} 结合从而降低游离 Mg^{2+} 的实际浓度，因此，Mg^{2+} 的总量应比 dNTP 的浓度高 0.2 ～ 2.5 毫摩尔 / 升。如果可能的话，制备 DNA 模板时尽量不要引入大剂量的螯合剂（EDTA）或负离子，因为它们会影响 Mg^{2+} 的浓度。

二、PCR 反应技术的特点

（一）特异性强

决定 PCR 反应特异性的因素有：①引物与模板 DNA 特异分子的正确结合；

②碱基配对原则；③ Taq DNA 聚合酶合成反应的忠实性；④靶基因的特异性与保守性。其中引物与模板的正确结合是关键，它取决于所设计引物的特异性及退火温度。在引物确定的条件下，PCR 退火温度越高，扩增的特异性越好。TaqDNA 聚合酶的耐高温性质使反应中引物能在较高的温度下与模板退火，从而大大增加 PCR 反应的特异性。

（二）灵敏度高

从 PCR 的原理可知，PCR 产物的生成是以指数形式增加的，即使按 75% 的扩增效率计算，单拷贝基因经 25 次循环后，其基因拷贝数也在一百万倍以上，即可将极微量（皮克级）DNA 扩增到紫外光下可见的水平（微克级）。

（三）简便快速

现已有多种类型的 PCR 自动扩增仪，只需把反应体系按一定比例混合，置于仪器上，反应便会按所输入的程序进行，整个 PCR 反应在数小时内就可完成。扩增产物的检测也比较简单：可用电泳分析，不用同位素，无放射性污染，易推广。

（四）对标本的纯度要求低

不需要分离病毒或细菌及培养细胞，DNA 粗制品及总 RNA 均可作为扩增模板。可直接用各种生物标本（如血液、体腔液、毛发、细胞、活组织等）的 DNA 粗制品扩增检测。

三、反应步骤

PCR 全过程包括三个基本步骤，即双链 DNA 模板加热变性成单链（变性）；在低温下引物与单链 DNA 互补配对（退火）；在适宜温度下 Taq DNA 聚合酶以单链 DNA 为模板，利用 4 种脱氧核苷三磷酸（dNTP）催化引物引导的 DNA 合成（延伸）。这三个基本步骤构成的循环重复进行，可使特异性 DNA 扩增达到数百万倍。

（一）变性

90℃～94℃的高温处理可使模板 DNA 双链间氢键断裂，解离成单链但不改变其化学性质，变性的时间一般为 30 秒，如果模板的 G+C 含量较高，变性时间可能延长。

（二）退火

退火的温度一般降低至 25℃～ 65℃，在退火过程中，引物分别与待扩增的 DNA 片段的两条链的 3 端互补配对。退火的温度取决于引物的 T 值，并通过预备试验来最后确定。一般引物越短，其 T 值也越低，对于 10bp 左右的随机引物，退火温度在 37℃左右，反之则高。退火温度越高，引物与模板结合的特异性增强，非特异性的扩增概率降低，但扩增效率也随之降低。相反，随着温度的降低，引物与模板非特异性结合的概率提高。引物的长度越长，其退火温度则越高，否则会发生非特异性结合，降低 PCR 产物对模板的忠实程度。退火时间一般为 30 秒。

（三）延伸

Taq DNA 聚合酶的最适温度为 70℃～ 74℃，在此温度下 Taq DNA 聚合酶以单链 DNA 链为模板，将单核苷酸逐个加入到引物的 3' 端，使引物不断延长，从而合成新的 DNA 链。新合成的引物延伸链在下一轮循环时就可以作为模板。反应步骤的温度和时间可以根据实验要求自行设定，一般要经过 20 ～ 30 个循环，扩增产物需要经琼脂糖凝胶电泳进行鉴定。

第二节　PCR 技术分类

随着 PCR 技术的发展，通过对 PCR 技术的大量改进派生出了一些新的相关技术和改良方法，开发了 PCR 技术的许多新用途。

一、逆转录

PCRRT-PCR（reverse transeriptase PCR，RT-PCR）是一种 RNA 逆转录和 PCR 结合起来建立的 RNA 的聚合酶链反应。RT-PCR 使 RNA 检测的敏感性提高了几个数量级，也使一些极微量 RNA 样品分析成为可能。RT-PCR 的关键步骤是 RNA 的逆转录，要求 RNA 模板必须是完整的，不含 DNA、蛋白质等杂质。用于该反应的引物可以是随机六聚核苷酸或寡聚脱氧胸苷酸（oligodT），还可以是针对目的基因设计的特异性引物（GSP）。研究提示，使用随机六聚引物延伸法的结果较为恒定，并能引起靶序列的最大扩增。一般而言，1 克细胞 RNA 足以用于扩增所有 mRNA 序列（1 ～ 10 拷贝 / 细胞）。一个典型的哺乳动物细胞含约 10 皮克 RNA。1 皮克 RNA 相当于 10 万个细胞的 RNA 总量。

（一）逆转录反应

① 20 微升反应体系包括：1 毫摩尔 / 升 dNTP；100 毫摩尔 / 升 Tris-HCl，pH 8.4；50 毫摩尔 / 升 KCI，2.5 毫摩尔 / 升 MgC；1100 毫克 / 毫升 BSA；100 皮摩尔随机六聚寡核苷酸或 oligo dT 引物；1 ～ 9 微升 RNA 样品，80 ～ 200U 逆转录酶（M-MLV 或 AMV）。②混匀后，置室温 10 分钟，然后置 42℃的环境中，30 ～ 60 分钟。③若重复一次逆转录反应，则 95℃ 3 分钟，然后补加 50U 逆转录酶后重复第②步。④ 95℃ 10 分钟灭活逆转录酶，并使 RNA-CDNA 杂交体解链。

（二）PCR 操作

①将 20 微升逆转录物加入 80 微升含上、下游引物各 10 ～ 50 皮摩尔的 PCR 缓冲液 [100 毫摩尔 / 升 Tris-HCl（pH8.4）；50 毫摩尔 / 升 KCl；2.5 毫摩尔 / 升 MgCl；100 毫克 / 毫升 BSA] 中混匀。②加 1 ～ 2U Taq DNA 聚合酶和 100 皮升石蜡油。③根据待分析 RNA 的丰度决定循环数的多少。④用 200 ～ 300 皮升 TE 缓冲液饱和的氯仿抽提去除石蜡油。⑤离心，取上层水相 5 ～ 10 皮升，用凝胶电泳分析 PCR 产物。RT-PCR 也可以在一个系统中进行，称为一步法扩增（one step amplification），它能检测低丰度 mRNA 的表达，即利用同一种缓冲液，在同一体系中加入逆转录酶、引物、Taq 酶、4 种 dNTP，直接进行 mRNA 逆转录与 PCR 扩增。由于发现 Taq 酶不但具有 DNA 聚合酶的作用，而且具有逆转录酶活性，因此，在同一体系中直接使用 Taq 酶，以 mRNA 为模板进行逆转录和其后的 PCR 扩增，使 mRNAPCR 步骤更为简化，所需样品量减少到最低限度，对临床少量样品的检测非常有利。用一步法扩增可检测出总 RNA 中小于 1 纳克的低丰度 mRNA。该法还可用于低丰度 mRNA 的 eDNA 文库的构建及特异 CDNA 的克隆，并有可能与 Taq 酶的测序技术相结合，使得自动逆转录、基因扩增与基因转录产物的测序在一个试管中进行。

二、定量 PCR

随着 PCR 技术的发展与广泛应用，利用 PCR 的定量技术也取得了长足的发展。早期主要采用外参照的定量 PCR 方法，这种方法因影响因素较多，现已逐渐被内参照物定量方法和竞争 PCR 定量方法所取代，并在此基础上发展了荧光定量 PCR 方法，使 PCR 定量技术提升到新的水平。

（一）利用参照物的定量方法

参照物是在定量 PCR 过程中使用的一种含量已知的标准品模板。按其性质的不同，参照可分为内参照和外参照。外参照是序列与检测样品相同的标准品模板，外参照物与待检样本的扩增分别在不同的管内进行。通过一系列不同稀释度的已知含量外参照的扩增，建立外参照扩增前含量与扩增产物含量之间的标准曲线，以此用于未知样品的定量。因此，外参照定量 PCR 属非竞争性定量 PCR。利用内参照物的定量方法与上述方法不同，它是将参照物与待检样本加入同一反应管中，参照物作为标准品模板与待检样品共用或不共用同一对引物，进行 PCR 扩增。按照内参照在扩增中是否与待检样品共用同一对引物，根据两个模板的扩增是否存在竞争性，内参照又可分为竞争性内参照和非竞争性内参照。若内参照与待检样本共用同一对引物，两模板的扩增存在竞争性，则称为竞争性内参照，在这种条件下进行的定量 PCR 称为竞争性定量 PCR。理想的竞争性内参照应具备以下特点：①竞争性内参照模板与检测样品能共用同一对引物；②内参照与待检样品长度相近，扩增效率相同；③内参照扩增产物能方便地与待检样本扩增产物分开。在竞争性 PCR 中，首先通过一系列不同稀释度的已知含量的检测样品与已知含量的内参照混合共扩增，做出扩增前检测样品含量和内参照含量的比例与检测样品扩增产物含量的相关曲线，以此作为标准曲线用于待检样本的定量。若内参照与待检样本不共用同一对引物，两模板的扩增不存在竞争性，这时内参照又称为非竞争性内参照。这种 PCR 因其不存在竞争性，因而属于非竞争性 PCR。

（二）竞争性定量

PCR 采用内参照竞争性定量方法，在准确性方面优于外参照的定量方法，是目前较理想的一种定量方法。其产物分析可采用探针杂交法、电泳法、HPLC 和荧光法等。由于采用内参照的竞争性定量，克服了常规 PCR 扩增效率不稳定的缺陷，各管间的差异得以避免。竞争性 PCR 方法的总策略是采用相同的引物，同时扩增靶 DNA 和已知浓度的竞争模板，竞争模板与靶 DNA 大致相同，但其内切酶位点或部分序列不同，用限制性内切酶消化 PCR 产物或用不同的探针进行杂交即可区分竞争模板与靶 DNA 的 PCR 产物，因竞争模板的起始浓度是已知的，通过测定竞争模板与靶 DNA 二者 PCR 产物便可对靶 DNA 进行定量。利用竞争 PCR 亦可进行 mRNA 的定量。先以 mRNA 为模板合成 eDNA，再用竞争 PCR 对 eDNA 定量。但当逆转录效率低于 100% 时，通过测定样品中 CDNA 进行 mRNA 定量，则测定结果会偏低。

（三）荧光定量

荧光定量 PCR（FQ-PCR）是新近出现的一种定量 PCR 检测方法，可采用外参照的定量方法，也可采用内参照的定量方法。荧光定量 PCR 采用各种方法用荧光物质标记探针，通过 PCR 显示扩增产物的量。荧光探针根据标记方法的不同，可分为不同的方法，并可借助专用的仪器实时监测荧光强度的变化。这种方法可以免除标本和产物的污染，且无复杂的产物后续处理过程，因而该方法准确、高效、快速。早期荧光定量 PCR 有许多局限性，如不能准确定量或由于太灵敏而容易交叉污染，从而产生假阳性。直到最近，荧光能量传递技术（fluorescence resonance energy transfer，FRET）应用于 PCR 定量后，上述问题才得到较好的解决。FRET 是指通过供、受体发色团之间偶极 - 偶极相互作用，能量从供体发色团转移至受体发色团，使受体发光。以下介绍两种常用的测定方法。

1.TaqMan 技术

TaqMan 是由 PE 公司开发的荧光定量 PCR 检测技术，它在普通 PCR 原有的一对引物基础上，增加了一条特异性的荧光双标记探针（TaqMan 探针）。TaqMan 技术的工作原理：PCR 反应系统中加入的荧光双标记探针，可与两引物包含序列内的 DNA 模板发生特异性杂交，探针的 5' 端标以荧光发射基团 FAM（6- 羧基荧光素，荧光发射峰值在 518 纳米处），靠近 3' 端标以荧光猝灭基团 TAMRA（6- 发基四甲基罗丹明，荧光发射峰值在 582 纳米处），探针的 3' 末端被磷酸化，以防止探针在 PCR 扩增过程中被延伸。当探针保持完整时，猝灭基团抑制发射基团的荧光发射。发射基团一旦与猝灭基团发生分离，抑制作用即被解除，518 纳米处的光密度增加而被荧光探测系统检测到。复性期探针与模板 DNA 发生杂交，延伸期 Taq 酶随引物延伸沿 DNA 模板移动，当移动到探针结合的位置时，发挥其 5' → 3' 外切酶活性，将探针切断，猝灭作用被解除，荧光信号释放出来，荧光信号即被特殊的仪器接收。PCR 进行一个循环，合成了多少条新链，就水解了多少条探针，释放了相应数目的荧光基团，荧光信号的强度与 PCR 反应产物的量成对应关系。随着 PCR 过程的进行，重复上述过程，PCR 产物呈指数形式增长，荧光信号也相应增长。如果以每次测定 PCR 循环结束时的荧光信号与 PCR 循环次数作图，可得一条 “S” 形曲线。如果标本中不含阳性模板，则 PCR 过程不进行，探针不被水解，不产生荧光信号，其扩增曲线为一水平线。

TaqMan 技术中对探针有特殊要求：①探针长度应在 20 ～ 40 个碱基，以保证结合的特异性；② GC 含量在 40% ～ 60%，避免单核普酸序列的重复；③避免与引物发生杂交或重叠；④探针与模板结合的稳定程度要大于引物与模板结合的稳定程度，因此，探针的 T 值要比引物的 T 值至少高出 5℃。TaqMan 技术在基因表达分析、血清病毒定量分析、人端粒酶 mRNA 定量分析及基因遗传突变分析等领域有广泛应用，但也存在缺陷，主要包括：①采用荧光猝灭及双末端标记技术，因此猝灭难以彻底，本底较高；②利用酶外切活性，因此定量时受酶性能影响；③探针标记的成本较高，不便普及应用。

2. 分子信标技术

分子信标技术也是在同一探针的两末端分别标记荧光分子和猝灭分子。通常，分子信标探针长约 25 核苷酸，空间上呈茎环结构。与 TaqMan 探针不同的是，分子信标探针的 5' 和 3' 末端自身形成一个 8 个碱基左右的发夹结构，此时荧光分子和猝灭分子邻近，因此不会产生荧光。当溶液中有特异模板时，该探针与模板杂交，从而使探针的发夹结构打开，于是溶液便产生荧光。荧光的强度与溶液中模板的量成正比，因此可用于 PCR 定量分析。该方法的特点是采用非荧光染料作为猝灭分子，因此荧光本底低。常用的荧光猝灭分子对是 5'-（2'- 氨乙基氨基萘 -1- 磺酸）（EDANS）和 4'-（4'- 二甲基氨基叠氮苯）苯甲酸（DAB-CYL），采用 DAB-CYL 作猝灭剂是由于它对多种费光素都有很强的猝灭效率。当受到 336 纳米紫外光激发时，EDANS 发出波长为 490 纳米的亮蓝荧光；DAB-CYL 的是非荧光分子，但其吸收光谱与 EDANS 的发射荧光光谱重叠。只有分子信标时，EDANS 和 DAB-CYL 的距离非常接近，足以发生 FRET。EDANS 受激发产生的荧光转移给 DAB-CYL 并以热的形式散发，不能检测到荧光；相反，当有靶核酸存在时才可检测到荧光。分子信标技术的不足之处是：①杂交时探针不能完全与模板结合，因此稳定性差；②探针合成时标记较复杂。分子信标技术结合不同的荧光标记，可用于基因多突变位点的同时分析。

三、重组 PCR

重组 PCR（recombinant PCR，R-PCR）可用 PCR 法在 DNA 片段上进行定点突变，突变的产物（扩增物）中含有与模板核苷酸序列相异的碱基，用 PCR 介导产生核苷酸的突变包括碱基替代、缺失或插入等。重组 PCR 操作需要两对引物："左方" PCR 的一对引物为 a 和 b', b' 中含有一个"突变碱基"；"右方" PCR 的一对引物为 b 和 C，b 中含有一个和引物 b' 中的"突变碱基"相互补的碱基。先用两对引物分别对模板进行扩增。除去引物后将两种扩增产物混合，变性并复性后进行延伸，然后再加入外侧引物 a 和 C，经常规的 PCR 循环后，便能得到中间部位发生特定突变的 DNA 片段。重组 PCR 造成 DNA 片段的插入或缺失与其造成特定碱基的置换在操作上类似。重组 PCR 可制备克隆突变体，用作研究基因的功能。

四、反向 PCR

常规 PCR 是扩增两引物之间的 DNA 片段，反向 PCR（reverse PCR）是用引物来扩增两引物以外的 DNA 片段。一般先用限制性内切酶酶解 DNA（目的基因中不存在该酶的酶切位点，且片段应短于 2 ～ 3kb），然后用连接酶使带有黏性末端的靶片段自身环化，最后用一对反向引物进行 PCR，得到的线性 DNA 将含有两引物外侧的未知序列。该技术可对未知序列扩增后进行分析，如探索邻接已知 DNA 片段的序列。反向 PCR 已成功地用于仅知部分序列的全长 CDNA 克隆，Picter 曾用此法扩增基因文库的插入 DNA。

五、不对称 PCR

不对称 PCR 的基本原理是采用不等量的一对引物，经若干次循环后，低浓度的引物被消耗尽，以后的循环只产生高浓度引物的延伸产物，结果产生大量的单链 DNA（ssDNA）。这两种引物分别称为限制性引物和非限制性引物，其最佳比例一般是 1/50 ～ 1/100，因为 PCR 反应中使用的两种引物的浓度不同，所以称为不对称 PCR，不对称 PCR 主要为测序制备 ssDNA，其优点是不必在测序之前除去剩余引物，因为量很少的限制性引物已经耗尽。多数学者认为，用 eDNA 经不对称 PCR 进行 DNA 序列分析是研究真核 DNA 外显子的好方法。除上述各种 PCR 以外，还有复合 PCR、着色互补 PCR、锚定 PCR、原位 PCR、膜结合 PCR、固着 PCR、增效 PCR 等。每种 PCR 都有其适应范围、优点和不足，因此，在实际实践过程中，根据需要选取最佳方法十分重要。

第三节　PCR 技术的应用

一、遗传病的基因诊断

到目前为止已发现 4 000 多种遗传病。以地中海贫血为例，其主要病因是基因的缺失，单个或少数核苷酸的缺失、插入或置换而造成基因的不表达或表达水平低下，或导致 RNA 加工、成熟和翻译异常或无功能 mRNA，或合成不稳定的珠蛋白。用 PCR 进行诊断，由于其成本低、快速和对样品质量和数量要求不高等特点，可在怀孕早期取得少量样品（如羊水、绒毛）进行操作，发现异常胎儿可及早终止妊娠。用 PCR 对遗传病进行诊断的前提是对致病基因的结构必须部分或全部清楚。例如，利用 PCR-FLP 或 Amp-FLP 对遗传病家系进行连锁分析，进而做出基因诊断。

二、传染病的诊断

以乙型肝炎病毒（HBV）的 PCR 检测为例，荧光定量 PCR 方法多采用 TaqMan 探针，一般根据 HBV 基因中的保守序列来设计，能够检测至少 10 拷贝 / 毫升的 HBV DNA。

三、癌基因检测

与临床诊断有关的癌基因可分为 3 类，即肿瘤非特异性癌基因、肿瘤特异性癌基因和暂未证明临床意义的癌基因。用于临床诊断的癌基因主要为前两类，包括致癌基因与抗癌基因、转移基因与转移抑制基因。目前 PCR 的临床主要用于：

①检测血液系统恶性肿瘤染色体易位，尤其是对微小残余病灶的检测，有助于判断白血病的疗效。②通过对活化的癌基因的监测，快速分析肿瘤的预后。③检测肿瘤相关病毒，发现与人类癌基因相关的病毒，并对其进行分析，以指导治疗。④检测肿瘤的抑制基因的改变，分析肿瘤发生机理及判断预后。⑤用于肿瘤的抗药性基因分析，为肿瘤的化疗提供选择方案。⑥通过对转移基因及转移抑制基因的检测，判断肿瘤有无转移，为手术治疗提供依据。

四、法医学上的应用

由于 PCR 技术的高度灵敏性，即使是多年残存的痕量 DNA 也能够被检测出来。近年来，在 PCR 基础上，又发展出许多基因位点分型系统，用于法医物证的 DNA 分析，其中发展最为完善并得到公认的是 HLA-DQa 位点的分型系统，此系统成为国际上法医科学中应用 PCR 技术进行个人识别和亲子鉴定最为有效的方法。PCR 的应用，给法医学科带来了一场深刻的变革，展示出了广阔的前景。

五、DNA 测序

目前广泛采用的 DNA 测序方法有化学法和双脱氧法两种，它们对模板的需要量比较大。利用 PCR 方法可以比较容易地测定位于两个引物之间的序列。利用 PCR 测序有下列几种方法。

（1）双链直接测序将 PCR 产物进行电泳回收或利用分子筛等方法除去小分子物质。采用热变性或碱变性的方法使双链 DNA 变成单链，与某一方向引物退火，在 PCR 系统中加入测序引物和 4 种中各有一种双脱氧核苷三磷酸（ddNTP）的底物，即可按 Sanger 的双氧链终止法测定 DNA 序列。用这种方法测序时，一次测定的距离较短，同时容易出现假带。

（2）双链克隆后测序为避免双链直接测序的缺点，可以将 PCR 扩增产物直接克隆到 M；载体中，通过提取单链后进行序列测定。

（3）基因扩增转录序列在 PCR 时，使用一个 5' 端带有 T；启动子的序列，扩增后在 tRNA 酶作用下合成 mRNA 作为模板，可逆转录酶测序。

（4）不对称 PCR 产生单链测序在 PCR 反应中加入不等量的一对引物，经过若干循环后，其中一种引物被消耗尽，在随后的循环里，只有一种引物参与反应，结果合成了单链。

六、基因克隆

运用 PCR 技术、基因克隆和亚克隆比传统的方法具有更大的优点。由于 PCR 可以对单拷贝的基因放大上百万倍，产生微克（皮克）级的特异 DNA 片段，从而可省略从基因组 DNA 中克隆某一特定基因片段所需要的 DNA 的酶切、连接到载体 DNA 上、转化、建立 DNA 文库及基因的筛选、鉴定、亚克隆等烦琐的实验步骤。只要知道目的基因的两侧序列，就可以通过一对和模板 DNA 互补的引物，可以有效地从基因组 DNA 中、mRNA 序列中或已克隆到某一载体上的基因片段中扩增出所需的 DNA 序列。与传统的 DNA 克隆方法相比，采用 PCR 的 DNA 克隆方法省时省力，但它需要知道目的基因两侧序列的信息。

七、引入变异

基因点突变 PCR 技术十分容易用于基因定位诱变。利用寡核苷酸引物可在扩增 DNA 片段末端引入附加序列，或造成碱基的取代、缺失和插入。设计引物时应使与模板不配对的碱基安置在引物中间或是 5' 端，在不配对碱基的 3' 端必有 15 个以上配对碱基。PCR 的引物通常总是在扩增 DNA 片段的两端，但有时需要诱变的部分在片段的中间，这时可在 DNA 片段中间设置引物，引入变异，然后在变异位点外侧再用引物延伸，此称为嵌套式 PCR（nested PCR）。

八、基因融合

PCR 反应可以比较容易地将两个不同的基因融合在一起。在两个 PCR 扩增体系中，两对引物分别有其中之一在其 5' 末端和 3' 末端引物带上一段互补的序列。

混合两种 PCR 扩增产物，经变性和复性，两组 PCR 产物通过互补序列发生粘连，其中一条重组杂合链能在 PCR 条件下发生延伸反应，产生一个包含两个不同基因的杂合基因。

九、基因定量

采用 PCR 技术可以定量监测标本中靶基因的拷贝数。这在研究基因的扩增等方面具有重要意义。它是将目的基因和一个单拷贝的参照基因置于同一个试管中进行 PCR 扩增。电泳分离后呈两条区带，比较两条区带的丰度：或在引物 5' 端标记上放射性核素，通过检测两条区带放射性强度即可测出目的基因的拷贝数。利用差示 PCR 还可以对模板 DNA（或 RNA）的含量进行测定，在一系列 PCR 反应中，分别加入待测模板 DNA 和参照 DNA 片段。参照 DNA 片段基本上按待测 DNA 的方式进行构建，只是在其基因上增加了一小段内部连接顺序，这样使得两种 DNA 片段的 PCR 产物可在凝胶电泳上分开。由于这两种不同的 DNA 片段可以在同一种寡核苷酸引物的作用下同步扩增，因此可以避免因使用不同的引物所引起的可能误差。这两种扩增产物的相对量就反映了在起始反应混合物中的目的 DNA 和参照 DNA 的相对浓度。RQ-PCR 技术是在常规 PCR 基础上加入荧光染料或荧光标记探针然后通过荧光定量 PCR 仪检测 PCR 过程中荧光强度的变化，达到对样品靶序列进行定量检测的目的。

其他还可以鉴定与调控蛋白结合的 DNA 序列；转座子插入位点的绘图；检测基因的修饰；合成基因的构建以及构建克隆或表达载体等。

第九章　食品中常见食源性致病菌的快速检测技术

第一节　概述

随着社会的进步、经济的发展，人们对食品安全卫生问题越来越重视，由于分子生物学、微电子技术及生物技术的不断发展进步，食品微生物检验技术逐渐成熟，已经逐步自传统的培养技术向分子技术发展。传统的微生物鉴定方法是涂片革兰氏染色镜检、常规生化试验、血清学鉴定等。20 世纪 70 年代后随着分子生物学的发展，用于检测细菌的仪器设备在不断地改进，加之临床对检验人员的要求越来越高，所以现代的细菌检验和鉴定技术逐步趋向于简单快速化、微量化、商品化（标准化）、系列化和自动化。目前最常用的还是形态学和生理生化的方法，但是这些方法操作烦琐，所需时间长，准备工作和后期废弃物处理工作繁重，且需要大量的专业技术人员。现在应用到的食品微生物的检测手段较多，诸多新型的微生物检测技术如雨后春笋般涌现，给微生物检测工作带来了飞跃式的发展，使得食品卫生检验工作得到了良好的改善。如 ATP 生物发光技术和全自动微生物检测法；在培养基中加入 14C 标记的糖类或盐类的底物，测量细菌代谢后是否产生 CO_2 的放射测量法；以 DNA 作为细菌的遗传分子，在微生物检测方面有着独特的优势，目前应用较多的有聚合酶链反应（PCR）和基因芯片技术；利用微生物可以使电惰性底物（如糖类、脂质、蛋白质等）代谢成电活性产物（如乳酸盐、乙酸盐、氨等）的电阻抗检测法；流式细胞术；等等。市场上有许多基于这些方法制备的商用试剂盒。现在一般的检验机构都是在国标 GB 4789 的基础上，再辅以一些先进的仪器或试剂盒等综合验证，确保检测结果的准确性。

第二节　显色培养基和快速鉴定培养基的应用

在培养基中加入某种特殊的化学物质，某种微生物在培养基中生长后能产生某种代谢产物，而这种代谢产物可以与培养基中的特殊的化学物质发生特定的化学反应，产生明显的特征性变化，根据这种特征性变化，可将该种微生物与其他微生物区分开来，这种培养基称为鉴别培养基。而显色培养基是一类利用微生物自身代谢产生的酶与相应的显色底物反应显色的原理来检测微生物的新型培养基。这些相应的显色底物是由产色基因和微生物部分可代谢物质组成的，在特异性酶的作用下，当具有某特异酶的细菌与酶底物作用时，使显色基团游离出来附着于菌落上，形成颜色独特的菌落。可根据菌落的颜色直接对菌属（种）做出鉴定。现在食品中常见的病原微生物都有商品化的显色培养基，如沙门氏菌、志贺氏菌、金黄色葡萄球菌、阪崎肠杆菌、单核增生李斯特氏菌等。大多数显色培养基只需在样品增菌后或直接分离后，培养 18 ～ 24 小时，即可根据菌落的颜色对目标菌做出初步的筛选，快速、简便、节省时间；结果直观，仅根据菌落颜色判定，结果一目了然；灵敏度高、特异性强，大大减少了后续的鉴定步骤。显色培养基同样具有任何选择性培养基都无法避免的问题——假阳性、假阴性。如 97% 的大肠埃希氏菌含有 β - 葡萄糖苷酶，可与显色培养基中的酶底物作用，产生蓝绿色的菌落；但肠杆菌科中约有 10% 的沙门氏菌及部分志贺氏菌、耶尔森氏菌属中也具有此酶，可产生假阳性的干扰菌落。再如，大肠埃希氏菌 O157 ∶ H7 β - 葡萄糖苷酶是阴性的，在显色培养基中不能产生蓝绿色的菌落。所以不是所有具有特征性酶的微生物均能在含酶底物的培养基中表达阳性反应。但是与普通的选择性培养基比较，显色培养基假阳性、假阴性的概率相对要小得多。

第三节　微生物生化鉴定系统

一、细菌鉴定

常用的生化试验及其原理用来鉴定细菌的生化试验有很多种，如碳源代谢试验、氮源代谢试验、碳源氮源利用试验、酶类试验、抑菌试验等。

（一）碳源代谢试验

碳源是为微生物提供碳素来源的物质，用于合成菌体。碳源物质在细胞内经过一系列复杂的化学变化后成为微生物自身的物质（如糖类、脂质、蛋白质等），碳可占一般细菌细胞干重的一半。大多数碳源还能为机体提供维持生命活动所需的能源，因此，碳源物质通常也是能源物质。碳源代谢试验主要是通过检测细菌在利用碳源时的代谢途径及方式、利用碳源后所产生的特定的代谢产物等来鉴别细菌的生化试验，主要是试验各种糖类能否作为碳源被利用及其利用的途径和产物。常用的碳源代谢试验有糖（醇、苷）类发酵试验、甲基红试验（methyl red，MR 试验）、β - 半乳糖苷酶试验（ONPG 试验）、乙酰甲基甲醇试验（VP 试验）、葡萄糖酸氧化试验等。不同的微生物对各种糖类的分解能力及其所产生的代谢产物各不相同，如大肠杆菌能发酵乳糖、葡萄糖，产酸、产气；伤寒杆菌只能发酵葡萄糖，产酸不产气。

（二）氮源代谢试验

氮源为微生物生长提供氮源物质，如蛋白质类、氨及铵盐、硝酸盐、分子氮等，主要用来合成细胞中的含氮物质。由于不同微生物所含的酶不同，在利用氮源时会出现不同的代谢反应并产生不同的代谢产物，因此，可以利用生化试验来测定微生物对氮源物质的利用途径及代谢产物，从而对微生物进行鉴别。常用的氮源代谢试验有硫化氢试验、明胶液化试验、吲哚试验（靛基质试验）、氨基酸脱羧酶试验、精氨酸双水解酶试验、尿素酶试验等。

（三）碳源氮源利用试验

碳源氮源利用试验是细菌对单一来源的碳源和氮源利用的鉴定试验。在无碳或无氮的基础培养基中分别添加特定的不同碳化物或氮化物，观察细菌的生长状况，就可以判断细菌能否利用此种碳源和氮源，根据微生物对碳源和氮源物质利用的能力和代谢产物的差异，对微生物的种类进行区分。常用的碳源氮源利用试验有枸橼酸盐利用试验、丙二酸盐利用试验、乙酸钠利用试验、马尿酸钠水解试验等。

（四）酶类试验

酶是生物体内细胞合成的生物催化剂，没有酶，生物体内的所有代谢反应都不能进行。常用的酶类试验有氧化酶试验、凝固酶试验、硝酸盐还原试验、卵磷脂酶试验（Nagler 试验）、磷酸酶试验等。

（五）抑菌试验

抑菌试验是用于测定抗菌药物体外抑制细菌生长效力的试验。抑菌试验，不仅可以测定一个药物的最低抑菌浓度，而且可以根据不同细菌的种类对不同抗菌药的敏感性和耐药性进行鉴别。常见的抑菌试验有 OptoChin 敏感试验、杆菌肽敏感试验、新生霉素敏感试验、氰化钾试验等。

二、常见的生化鉴定

系统微生物从外界的环境中不断地吸收营养物质，通过新陈代谢，实现生长和繁殖，同时排出代谢产物，而微生物的新陈代谢是在一系列酶的控制与催化下进行的。不同微生物体内的酶系统不同，其代谢的方式、过程、分解合成的产物等也不同。因此，可以利用一些生物化学的方法来分析微生物对能源的利用情况及其代谢产物、代谢方式和条件等，鉴别一些从形态和其他方面不容易区分的细菌，这些方法称为生化反应试验（生化试验），最常用的方法是用化学反应来测定微生物在生长繁殖过程中所产生的代谢产物。通过生化试验来鉴定细菌，称为细菌的生化鉴定。生化鉴定是微生物分类鉴定中的重要依据之一。新兴食品微生物检验技术是在微电子技术和分子生物学基础上发展而来的，在检测的精准度和效率方面取得了很大的进步，预示着食品微生物检验技术未来的发展趋势。

（一）干制生化鉴定试剂盒

（1）原理试剂盒的主体。原理试剂盒的主体是由若干个含有不同生化反应的干粉状培养基小孔组成的。将待鉴定菌调成一定浓度的菌悬液，接种到试剂盒的小孔中进行培养，由于细菌的代谢作用使小孔内的颜色发生变化（这些变化可能是自然发生的，也有的是由于加入试剂后表现出来的）。培养结束后根据不同的颜色反应来确定细菌的阴阳性或细菌的种类。

（2）用途。该试剂盒用于细菌的生化鉴定。

（3）试剂盒的组成。试剂盒一般都会由以下几个部分组成：①干制生化鉴定试剂。② 0.5 麦氏浊度比浊管。③无菌液体石蜡。④一次性滴管。⑤其他。

（4）操作步骤。①从密封袋中取出试剂盒，打开盒盖，在试剂盒的长条中加入 1 毫升的无菌水，用来增加试剂盒的湿度，防止培养时由于液体的挥发导致小孔干燥。②用接种环从平板上挑取新鲜的单个纯菌落到适当的无菌水中，制成 0.5 麦氏浊度的均一菌悬液。如果实验室配有浊度仪可以直接将菌悬液用浊度仪调至 0.5 麦氏浊度，如果没有配备浊度仪，则可以将菌悬液调成与试剂盒中配备的 0.5 麦氏浊度比浊管相当的浓度（注意：0.5 麦氏浊度比浊管观察前要振荡均匀；菌悬液的浓度不宜过大，否则容易产生假阳性结果）。③用加样枪或试剂盒内配备的一次性滴管，接种菌悬液到试剂盒的每个小孔中，接种量按说明书进行（一般为 0.2 毫升），2 滴加无菌液体石蜡到需要密闭的孔。放入培养箱中，按照说明书调节培养箱的温度，确定培养时间。④培养结束后，取出。根据说明书附带的表格确定生化反应的阴阳性。

（5）干制生化鉴定试剂盒的优点。一是在保证微生物生化结果准确的同时，使传统生化鉴定更便捷；二是干制生化鉴定试剂盒可以常温保存，降低对运输和贮存条件的要求；三是有透明观察窗，同时保证了培养时的安全性和观察时的方便性；四是简化了检测产品的步骤，所有生化项目在一块试剂盒上即可完成。

（二）Analytic products INC 细菌鉴定系统

Analytic products INC 细菌鉴定系统是由法国生物梅里埃公司生产的细菌数值分类分析鉴定系统。该系统品种齐全，包括范围广，鉴定能力强，数据库在不断地完善和补充，目前有 1 000 多种生化反应，可鉴定的细菌大于 600 种。

（1）原理。API 系统用于细菌鉴定的品种有 15 种，分别有相应的数据库。数据库由细菌条目（taxa）组成，每个条目可能因情况的不同代表细菌种、细菌的生物型、细菌的菌属。鉴定主要依据 API 试剂条的生化反应结果将一种 / 组细菌与其他细菌相区分，并用鉴定百分率表示每种细菌的可能性。数值鉴定是通过出现频率的计算来进行的，即每个细菌条目对 API 系统中每个生化反应出现频率总和的比较。各类 API 试剂条均由多个生化反应组成，编码是将生化反应谱转换成数码谱，以便于使用生化反应检索手册或 API 电脑分析软件进行检索，确定生化反应谱对应的是什么细菌。编码的原则是将所有的项目，每 3 个分为一组，每组按其位置，第 1 位阳性时标记为 1，第 2 位阳性时标记为 2，第 3 位阳性时标记为4，所有阴性反应均标记为0，再将每组标记的数字相加成一个数字，结果可能是0～7中的任一数字。这样可将鉴定条的生化反应谱编码成一组7～10位的数码谱。以API20E为例，鉴定条总共有20个生化反应，附加氧化酶试验组成21个试验，编成7组。如某一未知菌通过编码得出的数码谱为5144512，使用API20E生化反应检索手册或API电脑分析软件进行检索，可确定该未知菌为大肠埃希氏菌。有些情况下，如一个编码下有几个菌名的，7位数字尚不足以分辨，还需要做一些补充试验，补充试验的项目根据具体情况而定。如硝酸盐还原成亚硝酸盐（NO2）、硝酸盐还原成氮（N2）、动力（MoB）、麦康凯琼脂上生长（MCC）、葡萄糖氧化（OF-O）、葡萄糖发酵（OF-F）等。综上所述，API鉴定系统是根据微生物对各种生理条件（温度、pH、氧气、渗透压）、生化指标（唯一碳氮源、抗生素、酶、盐碱性）代谢反应进行分析，并将结果转化成软件可以识别的数据，进行聚类分析，与已知的参比菌株数据库进行比较，最终对未知菌进行鉴定的一种技术。

（2）用途。该细菌鉴定系统用于细菌的生化鉴定。

（3）试剂盒的组成。①API试条。②培养盒。③接种管。④附加试剂。⑤石蜡油。

（4）操作步骤。将5毫升无菌水放进培养盒里→将试条放进培养盒内→将菌液接种到小管或小杯→利用石蜡油覆盖指定的生化孔（有划线的孔）→盖上培养盖→把试条放进野有箱内，按照指定温度及时间培养→培养结束后取出滴加附加试剂→利用编码手册或APILAB PLUS软件进行分析。

（5）API生化鉴定试剂盒的优点。API生化鉴定试剂盒使细菌的鉴定标准化、系统化、简易化，缩短检验周期，可以快速报告结果，拥有菌种资料大于25 000份，鉴定系统的发源生化测试大于750份，并且对软件的不断升级保证了用户拥有API数据库的最新版本。API生化鉴定系统以微生物生化理论为基础，借助微生物信息编码技术，为微生物检验提供了简易、方便、快捷、科学的鉴定方法。

（三）ATB细菌鉴定

系统ATB微生物鉴定/药敏分析系统融合了自动化、电脑化及微生物微量生化反应测试方法，可同时进行微生物分析鉴定（ID）与药敏（MIC）检测，使

细菌鉴定 / 药敏分析规范化、标准化、现代化。ATB 微生物自动鉴定 / 药敏分析系统分为“半自动”和“自动”两种，自动系统是在半自动的基础上再加上自动判断装置。使用半自动系统时，先将被测菌制成菌液加注到测试板微孔内，经孵育后，将板上的各项测试结果（阳性或阴性）输入电脑软件的相应界面，便可即刻判定被测菌的种、属名称及其对各种抗菌药物的敏感度，同时生成和打印一份完整的报告。如使用自动系统，则将孵育后的测试板插入自动判读槽内，由仪器自动读取各项试验结果，从而省去人工判读和输入的流程。

1. 原理

由于细菌的理化性质不同，分解底物导致 pH 值改变而产生不同的颜色。经光电比色法测定来判断反应结果。每张卡上有 32 项生化反应，采用终点判读法，培养 4 小时或 24 小时，待反应完成后，由读数仪判读结果。具体为根据所要鉴定的目标菌选取 21 种典型生化试验，并把生化反应的结果转换为一个 8 进制数，通过提供的标准数据库查询系统可得到试验菌株归属的相对概率、T 值和 R 值，对菌株的归属进行一定程度的鉴定。将细菌各项生化反应结果填入记录卡中，依次每三项为一组，若这三项反应均为阳性，则分别记为 1、2、4，若为阴性，则相应项记为 0。将每组三项的数值相加，共七组，组成一个七位数，即代表所鉴定的菌株的相应菌名。将所得七位数输入数据库系统中即可进行查询。若某项生化反应结果较难判断，则按照阴性进行记录，但查询时，应在不定的生化反应前打钩。这样，即使是不确定生化反应同样可以做出鉴定结果。经过反复试验校正，该试验的准确率大大提高，同时，系统的准确率接近 100%，大大缩短了生化鉴定的时间，提高了鉴定效率。

2. 用途

细菌鉴定功能：可以将绝大部分细菌及真菌鉴定到“种”及“亚种”水平，这些细菌包括：肠杆菌科中的 20 个菌属、非发酵菌中的 8 个菌属、弧菌科中的 3 个菌属、奈瑟菌科中的 2 个菌属、微球菌科的 3 个菌属以及酵母样真菌中的 6 个菌属，合计近 200 种细菌（或真菌）。

抗生素敏感度分析功能：可以根据被检细菌在不同浓度的各种药物中的生长状态，分析判断其对各种抗菌药物的敏感 / 耐药程度，测定的结果以 MIC（最小抑菌浓度）表示，并根据所测的MIC，按国际的统一规定（NCCLS）给出S（敏感）、MS（中度敏感）和R（耐药）的判断，还可提示被测菌是否存在 β-内酰胺酶、超广谱 β-内酰胺酶和耐甲氧西林的状况。同时，还按NCCLS文件提供每种细菌的选药原则和方法，用户也可以用纸片法或稀释法自行测试，将结果（抑菌圈直径或MIC）输入后，软件可按NCCLS的标准判断其敏感度并打印报告。

3. 仪器的组成

仪器分为硬件和消耗品。

（1）硬件。①阅读器：装载试条的金属托盘，托盘上有两排32孔，可以阅读细菌鉴定和药敏试条，有4个不同的过滤光片，可进行比浊、比色自动辨认试条种类并进行检测。②中心控制器：中心控制器能从读数器传送并处理数据结果，并可以对人工阅读试条解释结果，建立样本管理文件，进行细菌分布研究和药敏统计等。③打印机：用于打印分析结果的报告单。④浊度计：测量细菌浓度范围0.5～7.0麦氏单位，使用标准浊度的细菌接种量。⑤自动加样器：当吸取菌悬液后，将其加入试条上每个孔内。

（2）消耗品（试剂盒）。①药敏试验：试条由高聚PVC材料制成，板上有圆锥形孔，每孔体积为55微升或135微升，每孔内涂有一层干燥抗生素。②鉴定试验：试条上有32孔，每孔内有不同的干燥底物，数据库根据标准的微型的同化试验及生化试验组成特殊的数据库与之对应。

4. 操作步骤

①根据细菌种类选试条，将试条和培养基从冰箱取出，室温放置15～20分钟。②校正比浊仪。③使用新鲜的纯培养物进行检测（菌龄：18～24小时），悬浮液为0.85%NaCl或去离子水。④培养基：ATB培养基和（或）其他专用培养基。⑤调制相应的鉴定菌悬液浓度，使用比浊仪校正浓度。⑥配制相应的药敏菌悬液浓度，转移适当体积至ATB培养基。⑦使用电子连续加样枪分配适量体积至检测试条各孔。⑧对于鉴定试条，在需要的测试孔滴加石蜡油2滴。⑨盖上试条盖，把试条放入湿盒，35℃/29℃ ±2℃孵育。⑩针对不同的试条，其具体的操作参阅“ATB试条操作简表”。上机检测。

5.ATB 细菌鉴定系统的优点

该系统可以鉴定棒状杆菌、弯曲菌、李斯特菌、奈瑟菌、嗜血杆菌、革兰氏阳性芽孢杆菌及乳酸杆菌等，读数器可自动阅读并进行细菌鉴定和药敏试验。此外，系统还设置了比较完善的“专家系统”，对测试结果进行分析审核和解释。对药敏结果出现的“异常表型”、药物选择和报告中的不合理现象，以及检验者如何正确操作、临床医师用药时要注意的问题等给予提示。

（四）HK-MID 鉴定系统

1. 原理

HK-MID 鉴定系统的原理为以细菌条目（模式株）、鉴定试验、概率组成的矩阵为数据源，计算鉴定分值（ID）、模式额率 T 值和 R 值，并将细菌条目 ID 值按降序排列，参照鉴定信度评价标准来选择最为可能的鉴定结果。

2. 用途

HK-MID 鉴定系统可鉴定革兰氏阴性杆菌、葡萄球菌、李斯特菌、芽孢杆菌等。

3. 试剂的组成

①鉴定条，包括 11 份干燥反应底物和一个空杯，反应底物主要用来检验培养物对糖类的利用，空杯则用于溶血试验。②添加试剂。③反应编码本。④检索软件。

4. 操作步骤

从培养物中挑取一个菌落→在李斯特菌悬液肉汤中分散均匀→向每个小管中加入 100 微升菌悬液肉汤→向第 12 个管中加入一滴血溶素→盖上盖子，在 35℃～ 37℃下培养 18 ～ 24 小时→读取记录结果。

5.HK-MID 鉴定系统的优点

操作简便，不需纯培养，不需仪器即可完成实验，进行数值分类鉴定，免费提供庞大的鉴定数据库，具有简易化、微量化、系统化、标准化的特点及良好的鉴定效果。

6.HK-MID 鉴定系统使用的注意事项

①使用过的材料必须高压灭菌、焚化或用消毒剂浸泡，然后才能丢弃。②鉴定条的封口膜不能彻底密封小管，因此在培养时不能将鉴定条置于二氧化碳培养

箱（可导致错误的 pH 值影响）或有风扇的培养箱（可导致蒸发过量）。③使用血溶素试剂时，应避免试剂污染。避免添加血溶素的滴管与鉴定条或任何其他表面接触，用后立刻将滴管盖子盖上。若溶血试验的结果不明显，应将培养物接种到羊血琼脂平板上，在 35℃～37℃条件下培养 18～24 小时，然后检查溶血结果。

第四节 食品微生物自动化仪器检测技术

一、基本原理

微生物鉴定的自动化技术近十几年得到了快速的发展，集数学、计算机、信息和自动化分析于一体，采用商品化和标准化的配套鉴定试剂盒或药敏试验卡等可以快速准确地对实验室常见的数百种细菌进行自动分析和药敏试验。大部分自动化检测仪器都具有自己的一个庞大的数据库，这个数据库是根据细菌的特性和独特的检验方法加以大量的试验验证得来的，而这些数据库会随着发现细菌种类的增多而进行更新。微生物自动化检测仪器也是根据常见的微生物的鉴定方法进行检测的，只不过是将过程进行集约化、自动化。常见的微生物自动化检测根据细菌生化鉴定的原理，分为以下几种：

（1）在培养基中加入某种底物与指示剂，接种细菌，培养后，观察培养基的颜色变化，即 pH 值的变化。

（2）在培养物中加入试剂，观察它们同细菌代谢产物所生成的颜色反应。

（3）根据酶作用的反应特性，测定微生物细胞中某种酶的存在。

（4）根据细菌对理化条件和药品的敏感性，观察细菌的生长情况。而全自动的仪器就是将以上几种方法综合到一起，运用先进的计算机技术，结合强大的数据库，进而对实验结果进行一个可信度的判定。任何仪器的本质都只是一个工具，它的作用就是验证检验结果的准确性，不要过分地依赖仪器，要根据试验的客观现象，检验人员的知识、经验，客观公正地看待检验结果。

二、常见微生物自动化检测仪器

（一）全自动微生物鉴定仪

1. 鉴定原理

碳源是为微生物提供碳素来源的物质，用于合成菌体，碳源物质在细胞内经过一系列复杂的化学变化后成为微生物自身的物质（如糖类、脂质、蛋白质等）。碳可占一般细菌细胞干重的一半。全自动微生物鉴定仪就是利用微生物对不同碳源代谢率的差异，针对每一类微生物筛选95种不同的碳源，配合显色物质（如TTC、TV），固定于96孔板上，结合阴性对照，接种菌悬液后培养一定时间，通过检测微生物细胞利用不同碳源进行新陈代谢过程中产生的氧化还原酶与显色物质发生反应而导致的颜色变化（吸光度）以及由于微生物生长造成的浊度差异（浊度），与标准菌株数据库进行比对，即可得出最终鉴定结果。

2. 主要特点

①鉴定板由读数仪自动读取吸光度，软件将该吸光度与数据库对比，就可在瞬时给出鉴定结果。试验结果可由系统进行自动分析、记录和打印。② Biolog微生物鉴定数据库可鉴定包括细菌、酵母和丝状真菌在内总计1 973种微生物，几乎涵盖了所有的人类、动物、植物病原菌以及食品和环境微生物。③以碳源利用率为基础，用于鉴定的反应数量多达95种，鉴定结果的特异性强、分离度大。软件能够对颜色及浊度进行自动补偿，可排除由视觉判断引起的主观差异；边界值可调，可排除干扰反应。细菌鉴定结果判断采用专利的动态数据库（progressive database），与传统的终点数据库（end-point database）相比，其获得正确结果的可能性更大、抗干扰能力更强。用户可生成自定义数据库，特别适合微生物基础和研究领域使用；操作简单，鉴定板分类简单，仅5种鉴定板，对操作人员的专业水平要求不高。鉴定过程简单，对菌株的预分析简单，只需做一些最常规的工作即可，如细菌只需做革兰氏染色、氧化酶试验和三糖铁琼脂试验，其他的微生物不需做任何前期预分析，鉴定霉菌不需任何真菌鉴定经验。④具有微生物群落分析和生态研究功能。96孔鉴定板可用来分析微生物对碳源的利用情况，从而可以定性地研究微生物的代谢特征，如果再结合SOFTmax分析软件就可以进行ELISA和动力学分析研究。

3. 鉴定步骤

①用 Biolog 专用培养基将纯种扩大培养。②配制一定浊度（细胞浓度）的菌悬液。③将菌悬液接种至微孔鉴定板（microplate），培养一定时间。④将培养后的鉴定板放入读数仪中读数，软件自动给出鉴定结果。

4. 优点

一是从鉴定板的培养开始所有的步骤都可由全自动系统完成，同时可鉴定 50 个样品，大大提高了检验效率。二是鉴定板分类简单，只有 4 种鉴定板，操作简单，对操作人员的专业水平要求不高。三是鉴定板有独特的颜色反应载色体，非常容易判断检验结果的阳阴性，仪器易维护，不需高昂的维护费用。

（二）全自动微生物检测计数仪

1. 鉴定原理

全自动微生物检测计数仪（Bactometer）是利用电阻抗法进行计数的。电阻抗法操作时将一个接种过的生长培养基置于一个装有一对不锈钢电极的容器内，当细菌生产繁殖时，将蛋白质、糖类等大分子物质分解成氨基酸、有机酸等带电荷的小分子物质，改变培养液的导电度，这样，测量电阻和导电度的变化，就可推算出样品原来的含菌数。样本在 BPU 电子分析器 / 培养箱中恒温培养，仪器每 6 分钟对每个样本进行检测，监测其微生物生长情况，最后以彩色终端机用不同色彩显示试验结果及曲线图表。例如微生物生长时可将培养基中的一些大分子营养物质（蛋白质、糖类等），经代谢转变为较小但更为活跃的分子（氨基酸、乳酸等）。利用电阻抗法可测试微弱的变化，从而比传统平板方法更快速地监测微生物的存在及计算数量。

2. 主要特点

检测结果可在数小时内报告，大大缩短了检验周期；样本预处理简单，仪器会根据预设的污染上限，将试验结果以不同色彩显示在终端机上；样本颜色及光学特性不影响读数，污染度低于 10 菌群 / 毫升的样本不用稀释；反应试验盒可随时放进 BPU 内，Bactometer 可扩增容量至 512 个样本。

3. 鉴定步骤

①将 MPCA 琼脂加入试验盒小池内。②待琼脂凝固后，加入 0.1 毫升的样品

（如为固体，则进行稀释后取稀释液）。③放入 BPU（培养箱）内，35℃，18 小时。④从计算机屏幕上读取检验结果。

4. 优点

Bactometer 是利用电阻抗、电容抗或总阻抗三种参数的自动微生物监测系统，它能快速测定样品中细菌的污染程度，从而快速提供品质控制的信息。另外，该仪器能通过测定代谢物产生的速度将菌体的数量与其活动相结合，使检验结果达到预测保藏质量和卫生安全的目的。

（三）全自动大肠杆菌快速测定仪

1. 鉴定原理

全自动大肠杆菌快速测定仪是利用固定底物酶底物法（defined substrate technology，DST，简称 DST- 酶底物法），采用大肠菌群能产生 β- 半乳糖苷酶（β-D-galactosidase）分解 ONPG 使培养液呈黄色，以及大肠埃希氏菌产生 β- 葡萄糖醛酸酶（β-glucuronidase）分解 MUG（4-methy-umbeliferyl-8-D-glucuronide）使培养液在 366 纳米波长下产生荧光的原理，来判断水样中是否含有大肠菌群、粪大肠菌群（耐热大肠菌群）及大肠埃希氏菌。其适用于地表水、地下水、污水或饮用水中的总大肠杆菌、大肠埃希氏菌或粪大肠杆菌的快速定量检测，能满足 USEPA 6/10/92 和 GB/T 575012-2006 等标准，采用固定底物技术（DST）酶底物法进行检测。检测方法简单，可在一般实验室或室外应急使用，不需要在无菌室内使用。可同时检测总大肠杆菌和大肠埃希氏菌的个数。仪器方法准确度高，误差小。

2. 主要特点

DST- 酶底物法可以采用成品的培养基及试剂，操作方便，不需要确认试验；DST- 酶底物法检测时间短，18 ～ 24 小时即可同时判断水样中粪大肠菌群（耐热大肠菌群）的 MPN 值。在美国、欧洲及大部分亚洲国家广泛应用于水中总大肠杆菌、粪大肠菌群（耐热大肠菌群）及大肠埃希氏菌的检测，并通过美国 EPA《水与废水标准检测方法》。在中国，商品化的固定底物技术酶底物法被列入国家标准《生活饮用水标准检验方法》。

3. 检验步骤

（1）定性测试。

①在 100 毫升水样中加入配套试剂，混匀，（36 ± 1）℃培养 24 小时。②判读结果。无色为阴性，黄色为总大肠菌群阳性，黄色带荧光的为大肠埃希氏菌阳性，耐热大肠菌群（粪大肠菌群）需 44.5℃培养 24 小时后，观察黄色为阳性。

（2）定量检测。

①在 100 毫升水样中加入配套试剂，混匀。②倒入定量盘中。③程控定量封口机对定量盘进行封装，（36 ± 1）℃培养 24 小时。④定量盘结果判读。无色为阴性，黄色格子为总大肠菌群，黄色带荧光为大肠埃希氏菌，对照 MPN 表计算结果。耐热大肠菌群（粪大肠菌群）需 44.5℃培养 24 小时后，观察有黄色为阳性结果，对照 MPN 表。

4. 优点

精确检出 100 毫升水样中单个的活性总大肠菌群和大肠埃希氏菌，以及粪大肠菌群，假阴性率低。每个单位试剂可抑制 200 万个异养细菌，假阳性率低。检测总大肠菌群和大肠埃希氏菌的时间不超过 24 小时，2 个指标一次完成，不需要确认试验。操作简单，手工操作少于 1 分钟。不需要玻璃器皿清洗和菌落计数。

（四）全自动酶联荧光免疫分析系统

1. 原理

全自动酶联荧光免疫分析系统（VIDAS）是利用免疫酶技术进行细菌鉴定的仪器。免疫酶技术是将抗原、抗体特异性反应和酶的高效催化作用原理有机结合的一种新颖、实用的免疫学分析技术。它通过共价结合将酶与抗原或抗体结合，形成酶标抗原或抗体，或通过免疫方法使酶与抗酶抗体结合，形成酶抗体复合物。这些酶标抗体（抗原）或酶抗体复合物仍保持免疫学活性和酶活性，可以与相应的抗原（抗体）结合，形成酶标记的抗原 - 抗体复合物。在遇到相应的底物时，这些酶可催化底物反应，从而生成可溶或不溶的有色产物或发光产物，可用仪器进行定性或定量。常用的酶技术分为固相免疫酶测定技术、免疫酶定位技术、免疫酶沉淀技术。固相免疫酶测定技术分为限量抗原底物酶法、酶联免疫吸附试验（ELISA）。酶联免疫吸附试验又分为间接法、竞争法，双抗体夹心法、酶抗酶复合物法、生物素 - 亲和素系统。在病原菌和真菌毒素检测中，应用较多的是竞争法、双抗体夹心法。

2. 主要特点

①所有样品的洗涤、结合、基质读数及报告说明等都是全自动操作。②检测速度快，从样品进入仪器计算，只需 1 ～ 2.5 小时即可出结果。③可同时测定 30 个标本，分钟 i-VIDAS 全自动免疫分析仪具有三个独立的试验仓，每个仓有 6 个通道，可同时进行不同的试验，将增菌的样品液经水浴处理后直接注入仪器的一次性试条中，仪器将在 50 分钟内显示结果。该仪器现在能检测沙门氏菌、大肠杆菌等 6 种常见的致病菌，适用于检验机构对样品的初筛。

3. 操作步骤

①根据所要鉴定的某类菌，准备该菌的样本，一般为该菌的增菌液。②在电脑上选择所需鉴定菌的鉴定程序。③把试条放入预设的位置，加入样品。④放到 SPR 的舱内，其位置应与试剂条直接对应。⑤关上装有 SPR 的舱门。⑥放下装有试剂盒区段的盒子。⑦开始检测，检测结束后打印检验结果。⑧实验结束后，从仪器里取走试剂条和 SPRS。

4. 优点

检测中无试管，无针头，试验中停留时间短，能有效地避免样品和试剂之间的交叉污染。可单样本测试，不浪费试剂。双向连接使检验结果具有很强的可追溯性。使用荧光标定的 ELISA 方法使检验结果具有很高的灵敏度和特异性。日常维护简单，可 7 × 24 小时工作，预防性维护费用降低。

（五）全自动微生物分析系统

VITEK 微生物的检测鉴定技术已逐步由手工检测走向仪器化和电脑化，并力求简便、快速、准确。由生物梅里埃公司出品的全自动微生物鉴定 / 药敏分析系统（VITEK）是目前世界上最先进、自动化程度最高的细菌鉴定仪器之一。VITEK 已被许多国家定为细菌最终鉴定设备，并获美国药品食品管理局（FDA）认可。该系统不仅有高度的特异性、敏感性和重复性，还具有操作简便、检测速度快的特点，绝大多数细菌的鉴定在 2 ～ 18 小时内可得出结果。

1. 原理

VITEK 对细菌的鉴定是以每种细菌的微量生化反应为基础，不同的 VITEK 试卡（检测卡）含有多种生化反应孔，可达 30 多种。将手工分离的待检菌的纯菌制成符合一定浊度要求的菌悬液，经充填机将菌悬液注入试卡内，封口后放入读数器 / 恒温培养箱中，根据试卡各生化反应孔中的生长变化情况，由读数器按光学扫描原理，定时测定各种生化介质中指示剂的显色（或浊度反应），然后把读出信息输入电脑并进行分析，和预定的阈值进行比较，判定反应，再通过数值编码技术与数据库中的反应文件进行比较，最后鉴定报告将在显示器上自动显示，并在打印机上自动打印。

2.VITEK 系统的结构组成

①检测卡：目前 VITEK 系统的检测卡有 14 种，微生物鉴定常用的有 7 种，即革兰氏阳性菌鉴定卡（GPI）、革兰氏阴性菌鉴定卡（GNI）、非发酵菌鉴定卡（NFC）、酵母菌鉴定卡（YBC）、厌氧菌鉴定卡（ANI）、芽孢杆菌鉴定卡（BAC）、奈瑟菌嗜血杆菌鉴定卡（NH）等。每张检测卡对应接种 1 份标本，检测卡为一次性消耗品。②充填机：将待测菌的菌悬液注入试卡内。③读数器 / 恒温箱：可在培养过程中定时读出细菌在试卡内培养基中的生长变化值。④电脑主机 / 显示器 / 键盘 / 打印机：用于储存和分析资料、系统的操作和结果分析鉴定，实验结果的自动显示报告和打印。⑤电源稳压器和 UPS：在外围断电的情况下提供电脑主机约 10 分钟的持续电源。

3. 操作步骤

①根据所做的鉴定选择相应的鉴定卡：GN—革兰氏阴性杆菌鉴定卡，GP—革兰氏阳性菌鉴定卡，NH—苛养菌鉴定卡，YST—酵母菌鉴定卡，ANC—厌氧菌鉴定卡，AST-GN—革兰氏阴性杆菌药敏卡，AST-GP—革兰氏阳性球菌药敏卡，AST-YST—真菌药敏卡。②根据所选鉴定卡配制相应浓度的菌悬液：鉴定卡 GN：0.5 ～ 0.63 麦氏单位；GP：0.5 ～ 0.63 麦氏单位；NH：2.7 ～ 3.3 麦氏单位；YST：1.8 ～ 2.2 麦氏单位；ANC：2.7 ～ 3.3 麦氏单位。药敏卡 AST-GN：3.0 毫升盐水 +145 微升 0.5 ～ 0.63 麦氏单位菌悬液；AST-GP：3.0 毫升盐水 +280 微升 0.5 ～ 0.63 麦氏单位菌悬液；AST-YST：3.0 毫升盐水 +280uL1.8 ～ 2.2 麦氏单位

菌悬液。③将调好浓度的菌悬液取 3 毫升，放入一次性塑料试管中，将试管放入载卡架上。④将相应的卡片按顺序放在载卡架上，将卡片的输样管插入到菌液管中。药敏卡应放在配对鉴定卡的后面。⑤进入 VITEK2COMPACT 应用软件主界面。扫描载卡架条码或直接选取卡架号。扫描试卡条码，将鉴定试卡与药敏试卡链接，并输入标本信息。⑥将载卡架放入仪器的填充仓，按“充入”，70 秒左右填充完毕。填充完毕后，仪器的蓝色指示灯闪亮。将载卡架取出并放入装载仓。仪器自动扫描条码，审核所有输入的卡片信息是否正确，确认无误后自动进行封口和上卡。操作完成后，仪器口的蓝色箭头闪亮提示。⑦仪器每隔 15 分钟自动阅读孵育仓内所有卡片，并将数据传入英文工作电脑，电脑分析所有数据并给予结果，确认无误可传至中文电脑，由操作者认可并发放临床报告。⑧已完成的卡片由仪器自动卸载入废卡箱。

4. 优点

鉴定的菌类达到 400 多种，而且随着新的发现还在不断地增加；可以对澄清液体中的微生物进行计数，并且能检测细菌的生长曲线；药敏试验上有 50 多种药物组合的药敏卡。食品检验上可以用 VITEK 来对检验结果进行再确认或对突发应急食品安全保障活动进行一个前期的筛选。

第十章　原子吸收分光光度法

第一节　概述

一、原子吸收分光光度法的发展历程

原子吸收分光光度法，又称原子吸收光谱法或简称原子吸收法，它是一种基于蒸气相中待测元素的基态原子对特征谱线的吸收而建立的一种定量分析方法。原子吸收法的三个发展阶段如下：

（一）原子吸收现象的发现

1802 年，Wollaston 发现太阳光谱的暗线：1859 年，Kirchhoff 和 Bunson 解释了暗线产生的原因，是大气层中的钠原子对太阳光选择性吸收的结果。

（二）空心阴极灯的发明

1955 年，Walsh 发表了一篇论文——“Application of Atomie Absorption Spectrometry to Analytical Chemistry”，解决了原子吸收光谱的光源问题，20 世纪 50 年代末，PE 公司和 Varian 公司推出了商品化仪器。

（三）电热原子化技术的提出

1959 年，里沃夫提出电热原子化技术，大大提高了原子吸收的灵敏度。

二、原子吸收光谱法的特点

（一）原子吸收分析的主要优点

①测定灵敏度高：检出限可达 10^{-10} ～ 10^{-14}g。②应用范围广：可以测定 70 多种元素，不仅可以测定金属元素，而且可以用间接的方法测定非金属化合物及有机化合物；既能用于微量分析，也能用于超微量分析。③选择性强：样品不需

经烦琐的分离，可以在同一溶液中直接测定多种元素。④仪器较简单，操作方便，分析速度快，测定一种元素只需数分钟。⑤测量精度好：火焰原子吸收法测定中等和高含量元素的相对标准偏差可小于 1%，测量精度已接近经典化学方法。石墨炉原子吸收法的测量精度一般为 3% ～ 5%。

（二）原子吸收分析的不足之处

原子吸收分析法测定某种元素需要该元素的光源，不利于同时测定多种元素；对一些难熔元素测定的灵敏度和精密度都不很高；无火焰原子化法虽然灵敏度高，但是精密度和准确度不够理想，有待进一步改进提高。

第二节　原子吸收分光光度计的基本结构与分类

一、原子吸收分光光度计的基本结构

原子吸收分光光度计（原子吸收光谱分析仪）包括四大部分：光源、原子化系统、分光系统、检测系统。

（一）光源

光源的作用是辐射待测元素的特征光谱（实际辐射的是共振线和其他非吸收谱线），以供测量用。为了获得较高的灵敏度和准确度，所使用的光源必须满足如下要求：①能辐射锐线，即发射线的半宽度要比吸收线的半宽度窄得多，否则测出的不是峰值吸收系数。②能辐射待测元素的共振线。③辐射的光强度必须足够大，稳定性要好。空心阴极灯（hollow cathode lamp）能够满足上述要求，是一种理想的锐线光源，应用最广泛。普通空心阴极灯是一种气体放电管，它包括一个阳极（钨棒）和一个空心圆筒形阴极，两电极密封于充有低压惰性气体、带有石英窗（或玻璃窗）的玻璃管中。其阴极用金属或合金制成阴极衬套，用以发射所需的谱线，空穴内再加入或熔入所需金属（待测元素）。当阴极材料只含一种元素时为单元素灯，含多种元素的物质可制成多元素灯。当给空心阴极灯适当电压时，可发射所需特征谱线。为了避免光谱干扰，制灯时必须用纯度较高的阴极材料或选择适当的内充气体。空心阴极灯的光强度与灯的工作电流有关。增大灯的工作电流，可以增加发射强度。但工作电流过大，会产生自蚀现象而缩短灯

的寿命，还会造成灯放电不正常，使发射光强度不稳定。但如果工作电流过低，又会使灯光强度减弱，导致稳定性、信噪比下降。因此，使用空心阴极灯时必须选择适当的工作电流。最适宜的工作电流随阴极元素和灯的设计不同而变化。空心阴极灯在使用前应经过一段时间预热，使灯的发射强度达到稳定。预热的时间长短视灯的类型和元素的不同而不同，一般在 5 ～ 20 分钟。空心阴极灯具有下列优点：只有一个操作参数（电流），发射的谱线稳定性好、强度高而谱线宽度窄，并且灯容易更换。其缺点是每测一种元素，都要更换相应的待测元素的空心阴极灯。

（二）原子化系统

原子化系统是原子吸收光谱仪的核心。原子化系统的作用是将试样中的待测元素转变成基态原子蒸气。原子化过程是待测元素由化合物离解成基态原子的过程。目前，使试样原子化的方法有火焰原子化法和无火焰原子化法两种。火焰原子化法具有简单、快速、对大多数元素有较高的灵敏度和检测极限等优点，因而至今使用仍是最广泛的。无火焰原子化技术具有较高的原子化效率、灵敏度和检测极限，因而发展很快。

1. 火焰原子化装置

例如要测定样品液中镁的含量，先将试液喷射成雾状进入燃烧火焰中，含镁盐的雾滴在火焰温度下，挥发并离解成镁原子蒸气。再用铁空心阴极灯作光源，它辐射出具有波长为 285.2 纳米的镁特征谱线的光，当通过一定厚度的镁原子蒸气时，部分光被蒸气中的基态镁原子吸收而减弱。通过单色器和检测器测得镁特征谱线光被减弱的程度，即可求得试样中镁的含量。火焰原子化装置包括雾化器和燃烧器两部分。

（1）雾化器：雾化器的作用是将试液雾化，其性能对测定的精密度及测定过程中的化学干扰等产生显著影响。因此要求喷雾稳定、雾滴微小且均匀和雾化效率高。目前普遍采用的是气动同轴型雾化器，其雾化效率可达 10% 以上。在毛细管外壁与喷嘴构成的环形间隙中，由于高压助燃气（空气、氧、氧化亚氮等）以高速通过，造成负压区，从而将试液沿毛细管吸入，并被高速气流分散成溶胶（成雾滴）。为了减小雾滴的粒度，在雾化器前几毫米处放置一撞击球，喷出的雾滴经节流管碰在撞击球上，进一步分散成细雾。

（2）燃烧器：预混合型燃烧器试液雾化后进入预混合室（也称雾化室），与燃气（如乙炔、丙烷、氢等）在室内充分混合，其中较大的雾滴凝结在壁上，经预混合室下方的废液管排出，而最细的雾滴则进入火焰中。

（3）火焰原子吸收光谱分析：测定的是基态原子，而火焰原子化法是使试液变成原子蒸气的一种理想方法。化合物在火焰温度的作用下经历蒸发、干燥、熔化、离解、激发和化合等复杂过程。在此过程中，除产生大量游离的基态原子外，还会产生很少量的激发态原子、离子和分子等不吸收辐射的粒子，这些粒子是需要尽量设法避免的。关键是控制好火焰的温度，只要能使待测元素离解成游离的基态原子即可，如果超过所需温度，激发态原子将增加，基态原子减少，使原子吸收的灵敏度下降。但如果温度过低，对某些元素的盐类不能离解，也使灵敏度下降。

一般易挥发或电离电位较低的元素（如 Pb、Cd、Zn、碱金属及碱土金属等），应使用低温且燃烧速度较慢的火焰；与氧易生成耐高温氧化物而难离解的元素（如 Al、V、Mo、Ti 及 W 等），应使用高温火焰。火焰温度主要取决于燃料气体和助燃气体的种类，还与燃料气与助燃气的流量有关。火焰有三种状态：中性火焰（燃气与助燃气的比例与它们之间化学反应计算量相近时）、贫燃性火焰（又称氧化性火焰，助燃气大于化学计算量时形成的火焰）、富燃性火焰（又称还原性火焰，燃气量大于化学计算量时形成的火焰）。一般富燃性火焰比贫燃性火焰温度低，由于燃烧不完全，形成强还原性，有利于难离解氧化物的元素的测定；燃烧速度指火焰的传播速度，它影响火焰的安全性和稳定性。要使火焰稳定，可燃混合气体的供气速度应大于燃烧速度，但供气速度过大，会使火焰不稳定，甚至吹灭火焰，过小则会引起回火。火焰的组成关系到测定的灵敏度、稳定性和干扰等，因此，对不同的元素应选择不同而恰当的火焰。常用的火焰有空气 - 乙炔火焰、氧化亚氮 - 乙炔火焰等。

①空气 - 乙炔火焰：这是用途最广的一种火焰。最高温度约 2 600 开尔文，燃烧速度稳定、重复性好、噪声低，能用以测定 35 种以上的元素，但测定易形成难离解氧化物的元素（例如 Al、Ta、Ti、Zr 等）时灵敏度很低，不宜使用。

这种火焰在短波长范围内对紫外光的吸收较强，易使信噪比变坏，因此应根据不同的分析要求，选择不同特性的火焰。

②氧化亚氮 - 乙炔火焰：火焰温度高达 3 300 开尔文，具有强还原性，使许多离解能较高的难离解元素氧化物原子化，原子化效率较高。由于火焰温度高，可消除在空气 - 乙炔火焰或其他火焰中可能存在的某些化学干扰。对于氧化亚氮乙炔火焰的使用，火焰条件的调节，例如燃气与助燃气的比例、燃烧器的高度等，远比用普通的空气 - 乙炔火焰严格，甚至稍微偏离最佳条件，也会使灵敏度明显降低，这是必须注意的。由于氧化亚氮 - 乙炔火焰容易发生爆炸，因此在操作中应严格遵守操作规程。

③氧屏蔽空气 - 乙炔火焰：一种新型高温火焰，温度可达 2 900 开尔文以上，它为用原子吸收法测定铝和其他一些易生成难离解氧化物的元素提供了一种新的可能性。这是一种用氧气流将空气乙炔焰与空气隔开的火焰。由于它具有较高的温度和较强的还原性，氧气又较氧化亚氮价廉而易得，因而受到重视。火焰原子化的方法，由于重现性好、易于操作，已成为原子吸收分析的标准方法。

2. 无火焰原子化装置

火焰原子化方法的主要缺点是，待测试液中仅有约 10% 被原子化，而约 90% 的试液由废液管排出。这样低的原子化效率成为提高灵敏度的主要障碍。无火焰原子化装置可以提高原子化效率，使灵敏度增加 10 ～ 200 倍，因而得到较多的应用。无火焰原子化装置有多种：电热高温石墨炉、石墨坩埚、石墨棒、钽舟、镍杯、高频感应加热炉、空心阴极溅射、等离子喷焰、激光等。

电热高温石墨炉原子化器（atomization in graphite furnace）：这种原子化器将一个石墨管固定在两个电极之间，管的两端开口，安装时使其长轴与原子吸收分析光束的通路重合。石墨管的中心有一进样口，试样（通常是液体）由此注入。为了防止试样及石墨管氧化，需要在不断通入惰性气体（氮或氩）的情况下用大电流（300A）通过石墨管。石墨管被加热至高温时使试样原子化，实际测定时分干燥、灰化、原子化、净化四步程序升温，由微机控制自动进行。

（1）干燥：干燥的目的是在较低温度（通常为 105℃）下蒸发去除试样的溶剂，以免导致灰化和原子化过程中试样飞溅。

（2）灰化：灰化的作用是在较高温度（350℃～1 200℃）下进一步去除有机物或低沸点无机物，以减少基体组分对待测元素的干扰。

（3）原子化：原子化温度随被测元素而异（2 400℃～3 000℃）。

（4）净化：净化的作用是将温度升至最大允许值，以去除残余物，消除由此产生的记忆效应。石墨炉原子化方法的最大优点是注入的试样几乎可以原子化。特别是对于易形成耐熔氧化物的元素，由于没有大量氧存在，并由石墨提供了大量碳，因此能够得到较好的原子化效率。当试样含量很低或只能提供很少量的试样又需测定其中的痕量元素时，也可以正常进行分析，其检出极限可达 10-18 数量级，试样用量仅为 1 ～ 100 微升，可以测定黏稠或固体试样。

（三）分光系统

原子吸收分光光度计的分光系统又称单色器，它的作用是将待测元素的共振线与邻近谱线分开（要求能分辨开如 Ni 230.003 纳米、Ni 231.603 纳米、Ni 231.096 纳米）。单色器由色散元件（可以用棱镜或衍射光栅）、反射镜和狭缝组成。为了阻止非检测谱线进入检测系统，单色器通常放在原子化器后边。原子吸收所用的吸收线是锐线光源发出的共振线，它的谱线比较简单，因此对仪器的色散能力的要求并不是很高，同时，为了便于测定，又要有一定的出射光强度，因此，若光源强度一定，就需要选用适当的光栅色散率与狭缝宽度配合，构成适于测定的通带（或带宽）来满足上述要求。其通带是由色散元件的色散率与入射及出射狭缝宽度（两者通常是相等的）决定的，其表示式如下：$W = DS$。由此可见，当光栅色散率一定时，单色器的通带可通过选择狭缝宽度来确定。当仪器的通带增大即调宽狭缝时，出射光强度增加，但同时出射光包含的波长范围也相应加宽，使单色器的分辨率降低，这样，未被分开的靠近共振线的其他非吸收谱线，或者火焰中不被吸收的光源发射背景辐射亦经出射狭缝而被检测器接收，从而导致测得的吸收值偏低，使工作曲线弯曲，产生误差。反之，调窄狭缝可以改善实际分辨率，但出射光强度降低。因此，应根据测定的需要调节合适的狭缝宽度。

（四）检测系统

检测系统主要由检测器、放大器、读数和记录系统组成。常用光电倍增管作检测器，把经过单色器分光后的微弱光信号转换成电信号，再经过放大器放大后，在读数器装置上显示出来。

二、原子吸收分光光度计的类型

原子吸收分光光度计按分光系统可分为单光束型和双光束型两种。单光束型仪器构造简单，灵敏度较高，能满足一般的分析需要，应用广泛，但受光源强度变化的影响而导致基线漂移。双光束型仪器可以克服基线漂移，其光学系统从空心阴极灯发射的辐射光被分为两束，试样光束通过原子化器，参比光束不通过原子化器，然后两束光汇合到单色器。双光束型仪器利用参比光束补偿光源辐射光强度变化的影响，其灵敏度和准确度都比单光束型仪器好。但因为参比光束不通过火焰，故不能消除火焰背景的影响。

三、原子吸收分光光度计的特点

（1）锐线光源。

（2）分光系统安排在火焰及检测器之间，可避免火焰对检测器的影响，一般分光光度计都放在样品之前。

（3）为了区分光源（经原子吸收减弱后的光源辐射）和火焰发射的辐射（发射背景），仪器应采用调制方式进行工作。现在多采用的方法是光源的电源调制，即空心阴极灯采用短脉冲供电，此时光源发射出调制为 400 赫兹或 500 赫兹的特征光线。电源调制除了比机械调制能更好地消除发射背景的影响外，还能提高共振线发射光强度及稳定性，降低噪声。

第三节　原子吸收分析的基本原理

一、原子吸收光谱的产生

当辐射光通过待测物质产生的基态原子蒸气时，若入射光的能量等于原子中的电子由基态跃迁到激发态的能量，该入射光就可能被基态原子所吸收，使电子跃迁到激发态。原子吸收光的波长通常在紫外和可见区。若入射光是强度为 I0 的不同频率的光，通过宽度为 *b* 的原子蒸气时，有一部分光将被吸收，若原子蒸气中原子密度一定，则透过光（或吸收光）的强度与原子蒸气宽度的关系同有色溶液吸收光的情况完全类似，服从朗伯（Lambert）定律。

二、共振线与吸收线

原子可具有多种能级状态，当原子受外界能量激发时，其最外层电子可能跃迁到不同能级，因此可能有不同的激发态。电子从基态跃迁到能量最低的激发态（称为第一激发态）时要吸收一定额率的光。电子从基态跃迁至第一激发态所产生的吸收谱线称为共振吸收线（简称共振线）。各种元素的原子结构和外层电子排布不同，不同元素的原子从基态激发至第一激发态时，吸收的能量不同，因而各种元素的共振线不同，各有其特征性，所以这种共振线是元素的特征谱线。这种从基态到第一激发态间的直接跃迁最易发生，因此，对大多数元素来说，共振线是元素的灵敏线。在原子吸收分析中，就是利用处于基态的待测原子蒸气吸收光源辐射而产生的共振线来进行分析的。

由于物质的原子对光的吸收具有选择性，对不同频率的光，原子对光的吸收也不同，故透过光的强度，随着光的频率不同而有所变化，其变化规律，在频率 v0 处透过的光最少，即吸收最大，我们把这种情况称为原子蒸气在特征频率 v0 处有吸收线。电子从基态跃迁至激发态所吸收的谱线（吸收线）绝不是一条对应某一单一频率的几何线，而是具有一定的宽度，我们通常称之为谱线轮廓（lineprofile）。谱线轮廓上各点对应的吸收系数 k0 是不同的，在频率处，吸收系数有极大值（k0），又称为峰值吸收系数。吸收系数等于极大值的一半（k0/2）处吸收线轮廓上两点间的距离（两点间的额率差），称为吸收线的半宽度（half-width），以 Ov 表示，其数量级为 10^{-3} ～ 10^{-2} 纳米，通常以 v0 和 Δv 来表征吸收线的特征值，前者由原子的能级分布特征决定，后者除谱线本身具有的自然宽度外，还受多种因素的影响。在通常原子吸收光谱法条件下，吸收线轮廓主要受多普勒变宽（Doppler broadening）和劳伦兹变宽（Lorentz broadening）的影响。劳伦兹变宽是由于吸收原子和其他粒子碰撞而产生的变宽。当共存元素原子浓度很小时，吸收线宽度主要受多普勒变宽影响。

三、激发时基态原子与总原子数的关系

在原子化过程中，待测元素吸收了能量，由分子离解成原子，此时的原子，

大部分都是基态原子，有一小部分可能被激发，成为激发态原子。而原子吸收法是利用待测元素的原子蒸气中基态原子对该元素的共振线的吸收来进行测定的，所以原子蒸气中基态原子与待测元素原子总数之间的关系即分布情况如何，直接关系到原子吸收效果。在一定温度下，达到热平衡后，处在激发态和基态的原子数的比值遵循玻尔兹曼（Bohzmann）分布：

$$\frac{N_j}{N_0}=\frac{P_j}{P_0}-\frac{N_j-N_0}{KT}$$

式中，N_j 为单位体积内激发态原子数；N_0 为单位体积内基态的原子数；P_j 为激发态统计权重，它表示能级的简并度，即相同能级的数目；E_j 为基态统计权重，它表示能级的简并度，即相同能级的数目；E_0 为激发态原子能级的能量；K 为玻尔兹曼（Boltzmann）常数；T 为热力学温度。对共振线来说，电子是从基态（E=0）跃迁到第一激发态，因此，在原子光谱中，对一定波长的谱线，P_j/P_0 和 E_j（激发能）都是已知值，只要火焰温度 T 确定，就可求得 $N_j/N0$。

四、原子吸收法的定量基础

原子蒸气所吸收的全部能量，在原子吸收光谱法中称为积分吸收，理论上如果能测得积分吸收值，便可计算出待测元素的原子数。但是由于原子吸收线的半宽度很小，约为 0.002 纳米，要测量这样一条半宽度很小的吸收线的积分吸收值，就需要有分辨率高达 50 万的单色器，这个技术直到目前也还是难以做到的。而在 1955 年，瓦尔什（Walsh）从另一条思路考虑，提出了采用锐线光源测量谱线峰值吸收（peak absorption）的办法来加以解决。所谓锐线光源（narrow-linesource），就是能发射出谱线半宽度很窄的发射线的光源。使用锐线光源进行吸收测量时，根据光源发射线半宽度小于吸收线半宽度的条件，考察测量原子吸收与原子蒸气中原子密度之间的关系。若吸光度为 A，则 $A=KC$ 式中，C 为待测元素的浓度；K 在一定实验条件下是一个常数。其为比尔定律（Beer law），它表明在一定实验条件下，吸光度与待测元素的浓度成正比的关系，所以通过测定吸光度就可以求出待测元素的含量，这就是原子吸收分光光度分析的定量基础。实现峰值吸收的测量，除了要求光源发射线的半宽度应小于吸收线的半宽度外，还必须使通过原子蒸气的发射线中心频率恰好与吸收线的中心频率相重合，这就是为什么在测定时需要使用一个与待测元素同种元素制成的锐线光源的原因。

第四节　原子吸收分光光度法的应用

一、重金属残留的危害

重金属超标不但会造成严重的环境污染，而且会累积于人体内，当累积量达到一定程度时会对人体健康构成威胁。重金属在食品及食品加工过程中广泛存在，长期摄入含有超标重金属的食品会危害人类健康，甚至引起疾病。铅能够使人的造血系统、神经系统和血管产生病变，儿童体内铅超标会产生智能发育障碍和行为异常。镉能够对人体的消化系统和呼吸系统等产生严重损害，严重时能引发贫血和骨痛病，甚至癌症。铬在环境中广泛存在，其能够对人体皮肤、呼吸道、胃肠道等产生损伤。汞进入人体的重要渠道是通过饮食，尤以沿海地区更为严重，汞具有极强的毒性作用，多出现于鱼和水生哺乳动物中。砷能够引发恶性肿瘤和糖尿病等病症。国标中严格限定了食品中重金属的含量，其对于控制重金属超标具有重要意义。

二、原子吸收分光光度法

目前有多种检测方法可用于食品中重金属残留的检测，如仪器中子活化分析、电感耦合等离子体质谱法、原子吸收光谱法等。原子吸收光谱法具有灵敏度高、分析精度好、选择性高、测定元素种类多等优点，作为微量金属元素测定的首选方法，近年来被广泛用于食品中重金属的检测。

（一）蔬果中重金属的检测

蔬菜和水果中重金属的来源主要为土壤污染、水污染、农药残留和大气沉降等。而土壤污染在农作物的污染中具有重要作用，因此，测定蔬果中重金属含量时常伴随测定其土壤中的重金属含量。Sharma 等用原子吸收光谱法测定了印度亚格拉地区的高速公路周边土壤和蔬菜样本中 Pb 和 Cd 的含量。结果表明，距离公路较近（0 ～ 5 米）的土壤和蔬菜中 Pb 和 Cd 的含量高于距离公路较远的地区（5 ～ 10 米和 10 ～ 15 米）。MarkoviC 等表明受燃煤污染地区的蔬菜中 Pb、Cd 和 Cu 的含量较高。刘浩等利用原子吸收光谱法测定了铁路周边脐橙种植园土壤中的 Pb、Cd、Mn、Cu 和 Zn 等多种重金属元素的含量，结果表明种植园土壤中 Pb 和 Mn 的含量明显高于对照土壤，而 Cd、Cu 和 Zn 的含量与对照土壤之间差别并不明显。蔬果中的重金属含量与其所在的土壤具有紧密联系，而周围环境会影响土壤中的重金属含量，如汽车尾气、煤炭燃烧等因素都会增加土壤中的重金属含量，进而影响农作物中的重金属含量。王辉等用原子吸收光谱法测定了洛阳市蔬菜基地的土壤及蔬菜中的 Cr、Pb、Cd 和 Hg 含量，以单因子污染指数和综合污染指数方法评价了土壤污染状况和蔬菜质量。结果表明，洛阳市蔬菜基地土壤中Cr和Pb的含量均符合GB15618—1995《土壤环境质量标准》二级标准限值;蔬菜的主要污染元素是 Pb，如油菜和生菜中 Pb 含量超标。此外，叶类蔬菜重金属含量平均值超标，而根茎类蔬菜受污染程度较小，处于安全水平。

（二）粮食中重金属的检测

大气沉降、水污染、土壤污染、农药残留等是粮食中重金属污染的主要来源。重金属不仅能影响粮食作物的生长发育而导致减产，而且会通过富集作用对人类健康造成危害。Togores 等检测了西班牙 29 种婴儿食品中的铅和镉。无乳婴儿粮食中 Cd 和 Pb 的含量分别为 3.8 ～ 35.8 纳克 / 克和 36.1 ～ 305.6 纳克 / 克，而含乳谷物含 Cd 量和含 Pb 量分别为 2.9 ～ 40.0 纳克 / 克和 53.5 ～ 598.3 纳克 / 克。该研究建立了婴幼儿食品中 Cd 和 Pb 的检测方法，对于降低原料和生产加工过程中的 Cd 和 Pb 污染具有重要意义。Wen Xiaodong 等使用浊点萃取 - 电热蒸发原子荧光法（CPE-ETAFS）和浊点萃取 - 电热原子吸收法（CPE-ETAAS）测定了大米和水中 Cd 的含量。当萃取系统的温度高于表面活性剂曲拉通 X-114 的浊点温度时，Cd 与双硫腙复合物被定量地萃取到表面活性剂中，经离心后与水相分离。结果表明曲拉通 X-114 和双硫腙的浓度、pH 值、平衡温度和反应时间均对 CPE 过程有显著影响；对 CPE 条件进行优化后得到原子荧光和原子吸收方法的检测限分别为 0.01 微克 / 升和 0.03 微克 / 升。Parengam 等使用仪器中子活化分析（INAA）和 GFAAS 方法测定了米类和豆类中的金属元素，实验表明 INAA 对于 Al、Ca、Mn、K 等金属元素的检测具有很好的准确性和精确性，相对误差和相对标准偏差（RSD）均小于 10%，且无须对样品进行消解或萃取，但 INAA 法对于 Pb 和 Cd 的测定灵敏度较低；GFAAS 法则更适合对 Pb 和 Cd 的检测，两种金属的测定回收率均高于 80%，相对误差分别仅为 1.54% 和 6.06%。

检测结果表明，米类样品中均含有痕量的 As（0.029 ～ 0.181 毫克 / 千克）和 Cd（0.010 ～ 0.025 毫克 / 千克）；大豆和花生中的 Cd 含量较高，分别为 0.022 毫克 / 千克和 0.085 毫克 / 千克。氢化物发生原子吸收光谱法（HGAAS）常用于 As、Se 和 Hg 的检测中，该法基于选择性的化学还原反应，将样品中的金属元素还原成氢化物而得以测定。Uluozlu 等使用 HGAAS 法测定了大米、小麦、鸡蛋和茶叶等食品中的 As 含量。结果表明，该定量方法具有良好的精密度（RSD ＜ 8%）和灵敏度（LOD=13 纳克 / 升），为检测粮食中不同价态 As 的含量提供了有效的方法。孙汉文等提出了一种利用悬浮进样 -HGAAS 直接测定面粉中微量 As 的新方法。

该方法用于小麦和大米等 5 种谷物中 As 的测定，检出限为 0.239 微克 / 升，回收率为 95.5% ～ 108%，RSD 为 0.86% ～ 3.02%。对 3 种标准参考物质进行分析，测定结果与标准参考值之间无显著性差异。

（三）海产品中重金属的检测

海产品是沿海地区居民饮食中主要的重金属来源，近海水域和其中生长的动物体内重金属含量往往较高。对 11 种普通食品进行重金属含量的检测表明，鱼类等海产品相对于蔬菜、谷类、水果、蛋类、肉类、牛乳、油等具有较高的 As、Cd、Hg 和 Pb 含量。可见，海产品的重金属检测对食品安全是非常重要的。鱼类对污染物质十分敏感，通过测定鱼体内的金属含量，可以监测食品来源。鱼类的测定分为两种，一种是对罐装加工后鱼类食品的测定，金属元素来源为水源地和加工过程；另一种是对鲜鱼的测定，金属元素来源主要是水源地。Ashraf 等对罐装大马哈鱼、沙丁鱼和金枪鱼中的重金属进行了研究，采用 GFAAS 法测定 Pb 和 Cd 的含量，采用 FAAS 法测定 Ni、Cu 和 Cr 的含量，回收率为 90% ～ 110%，结果表明，沙丁鱼中 Pb 和 Ni 的含量分别比金枪鱼高出 4 倍和 3 倍。Shiber 等使用 GFAAS 法对购自美国肯塔基州东部的罐装沙丁鱼中 As、Cd、Pb 和 Hg 的含量进行了测定。样品直接用 HNO 和 H_2O_2 进行消解，测定结果为每克样品（湿质量）中平均含 As 1.06 微微克、Cd 10.03 微克 / 升和 Pb 0.11 微克 / 升。研究发现罐装鱼中的金属含量和配料具有一定的相关性，包装在番茄配料中的沙丁鱼含 Cd 较高，包装在溶液中的沙丁鱼含 As 较高，而包装在油中的沙丁鱼含 Pb 较高。

双壳贝类属滤食性生物，对重金属具有很强的富集能力，目前很多国家都已经把贻贝和牡蛎等贝类作为重金属污染的指示生物。贝类产品的污染不仅影响其出口，还直接影响消费者的身体健康。因此，贝类养殖水体中重金属的安全限量监测对保证消费者食用贝类的安全十分必要。Jeng 等对台湾西海岸水域出产的贻贝类水产品中的金属元素含量进行了研究，分别使用 FAAS 法和 GFAAS 法对 Cu、Zn 和 Pb、Cd、Hg、As 进行了测定。结果表明，伴随着工业增长所带来的环境污染，台湾香山区牡蛎中 Cu 和 Zn 的含量呈逐年递增趋势，其中采自二仁溪河口的牡蛎中 Cu 的含量在 10 年间增长了 60 多倍。KwoCzek 等利用原子吸收光谱法对虾、贻贝和蟹等海产品中的 15 种人体必需金属元素和有害金属元素进行了测定。将可食部分从贝类体内分离出来，经过烘干和微波消解等处理过程后，以 FAAS 法测定 Cu、Zn、Fe、Mn、Co、Ni、Cr、Mg 和 Ca，以 GFAAS 法测定 Cd 和 Pb，以 HGAAS 法测定 Se 和 Hg，并将贝类的金属元素水平与鳕鱼、鲱鱼、猪肉、牛肉、鸡肉和蛋类中的金属元素水平进行了比较。

对重金属元素每周耐受摄入量（PTWI）的分析结果表明，在所有测定的贝类产品中，Hg、Cd 和 Pb 的含量均不会对人体产生危害。Strady 等利用 GFAAS 法和 ICP-MS 法对牡蛎中的 Cd 进行了研究。通过测定海水、藻类和牡蛎组织中的 Cd 含量，发现牡蛎的 Cd 污染主要来自海水的直接污染，而通过食物链产生的污染量仅占 1%。郑伟等采用原子吸收光谱法测定连云港海州湾池塘的四角蛤蜊中 Cd、Cr、Pb、Ni、Cu 和 Zn 6 种金属元素的含量。分别对四角蛤蜊外套膜、鳃、斧足、闭壳肌和内脏团 5 种组织进行检测，结果表明内脏团是重金属选择性富集的主要器官。单因子指数评价结果表明 5 种组织中主要重金属污染物为 Ni，污染指数为 0.87（斧足）～ 10.73（内脏团）；其次为 Pb 和 Zn；Cd 仅在内脏团中呈轻度污染；未受 Cr 和 Cu 污染。

（四）饮料中重金属的检测

近年来，随着大量新品种、新口味和具有新功能的饮料不断涌现，消费者对饮料质量与安全的要求日益提高，其中有害金属元素的检测成为一项重要内容。

饮品中重金属的来源不仅与所用原料的种类有关，还与加工过程、包装和产地等因素相关。GrembeCka 等使用 FAAS 法对市售咖啡中 Ni、Cu、Cr、Cd 和 Pb 等 14 种金属元素的含量进行了测定。对测得的咖啡样品中所有金属元素的浓度数据进行了因素分析，结果表明咖啡中的部分金属元素含量呈现明显的相关性；不同种类咖啡（如研磨咖啡、速溶咖啡和咖啡浸液等）中的金属元素含量分布不同，这为分辨咖啡品种提供了依据。王硕等对饮料中的 C6 含量进行了分析，样品在酸性条件下经吡咯烷二硫代氨基甲酸铵 - 二乙氨基二硫代甲酸钠甲基异丁酮（APDC-DDTC-MIBK）体系萃取，然后使用 GFAAS 法对 Cu 元素含量进行测定。得到了方法的检出限为 0.265 皮克 / 升，线性范围为 1.5 ～ 10 微克 / 升，相关系数为 0.999 3，加标回收率为 95.79% ～ 100.74%，相对标准偏差为 3.13% ～ 5.06%。该方法为碳酸饮料中重金属的检测提供了新的途径。不但葡萄酒中的金属元素对其感官风味有一定影响，而且 Pb 等重金属元素在葡萄酒中的含量是否符合安全标准还关系到广大消费者的健康。Moreno 等使用 GFAAS 法测定了 54 种市售红酒中 Pb 和 Ni 的含量，并使用电感耦合等离子体原子发射光谱（ICP-AES）法测定了 Cu、Al 和 Fe 等元素的含量。对测定结果分别进行了线性判别分析（LDA）和概率神经网络（PNN）分析，通过得到金属含量和葡萄酒品种之间的正确判别分类达到 90% 和 95% 的水平。郭金英等使用 GFAAS 法对红葡萄酒中的痕量 Pb 进行了分析。通过对测定条件进行优化，以 0.15 摩尔 / 升的硝酸调节红葡萄酒，磷酸二氢铵作基体改进剂，灰化温度 700℃，原子化温度 1 800℃，建立了葡萄酒中 Pb 的快速分析方法。该方法的加标回收率为 98%，测定结果的相对标准偏差为 3%。

（五）乳制品中重金属的检测

牛乳是日常生活中的重要饮品，但其中除了含有对人体有益的钙等元素外，还可能含有重金属元素如 As、Pb、Hg 和 Cd 等。尤其是在近几年乳制品安全事故频发的情况下，牛乳中的重金属含量成为乳制品检验的一个重要指标。Qin Liqiang 等利用原子吸收光谱法、等离子体发射光谱法和原子荧光光谱法测定了牛乳中的微量元素，比较了国产牛乳和日本进口牛乳中重金属含量的差异。结果表明，国产牛乳中 Cr、Pb 和 Cd 的含量虽符合国家标准的限定值，但高于日本牛乳中的含量。李勋等通过电化学氢化物发生与原子吸收光谱联用的方法，对鲜牛奶中无机砷进行了形态分析。结果表明，在电流为 0.6A 和 1A 的条件下，As_{3+} 和 Ass+ 在 0 ～ 40 微克 / 升质量浓度范围内均呈良好的线性关系；As_{3+} 和 Ass+ 的检出限 分别为 0.3 微克 / 升和 0.6 微克 / 升；样品加标回收率为 96% ～ 104%。

该方法避免了 As5+ 的预还原步骤，不仅缩短了分析时间，还降低了样品的污染。原子吸收光谱法测定食品中的重金属具有灵敏、高效、准确等优点。根据待测金属种类和浓度的不同，实验中需要选择石墨炉、火焰和氢化物发生等原子吸收光谱，并结合适当的预处理手段，其中消解设备、改进剂、消解试剂和消解温度等均直接影响测定结果的准确性。但是，由于食品种类繁多，相关标准和法规的制定需要借助更大量的检测实验和更先进的检测手段。可见，食品检测还有很多有待探索的未知领域。为了可以更准确和快速地测定样品中的金属元素，原子吸收光谱还经常与其他检测手段，比如原子吸收光谱与高效液相色谱、气相色谱、毛细管电泳等技术联用。原子吸收光谱法的应用、完善和创新必将带动食品安全的监管以及相关检测标准的完善。

参考文献

［1］朱坚，张晓岚，张东平，等. 食品安全与控制导论［M］. 北京：化学工业出版社，2009.

［2］谢明勇，陈绍军. 食品安全导论［M］. 北京：中国农业大学出版社，2009.

［3］蔡花珍，张德广. 食品安全与质量控制［M］. 北京：化学工业出版社，2008.

［4］顾金兰. 食品营养与安全［M］. 北京：中国轻工业出版社，2018.

［5］苑函. 食品质量管理［M］. 北京：中国轻工业出版社，2011.

［6］陈敏，王世平. 食品掺伪检验技术［M］. 北京：化学工业出版社，2007.

［7］陈夏芳. 高效液相色谱法测定肉制品中人工合成色素的研究［J］. 中国卫生检验杂志，2009.

［8］方晓明，丁卓平. 动物源食品兽药残留分析［M］. 北京：化学工业出版社，2008.

［9］郭静. 欧美等国食品安全体系介绍和启示［J］. 中国果菜，2010（1）：4-5.

［10］孔保华. 畜产品加工储藏新技术［M］. 北京：科学出版社，2007.

［11］李洁，彭少杰. 加拿大、美国食品安全监管概况［J］. 上海食品药品监管情报研究，2008（5）：1-7.

［12］刘迎贵，方俊天，韩漠. 兽药分析检测技术［M］. 北京：化学工业出版社，2007.

［13］骆训国，栗绍文，周蕾蕾，等. 夹心 ELISA 方法检测生肉混合物中

的猪肉成分的研究［J］．动物医学进展，2010（A1）：20-22.

［14］荣国琼，欧利华，张瑞雨．毛细管柱气相色谱法测定月饼中脱氧乙酸的含量［J］．中国食品卫生杂志，2010（2）：133-135.

［15］师邱毅，纪其雄，许莉勇食品安全快速检测技术及应用［M］．北京：化学工业出版社，2010.

［16］姚玉静，翟培．食品安全快速检测［M］．北京：中国轻工业出版社，2019.